U0290277

自然感悟
ature series

南开花事

莫训强 著

 商务印书馆
The Commercial Press

2017·北京

谨以此书

献给

我亲爱的母亲　叶年芬女士

和

我敬爱的母校　南开大学

目录

四
月

五
月

六
月

图
例

花芽

花蕾

花

雄花

雌花

花序

雄花序

雌花序

果实

叶芽

［自序］走车观花
——南开花事闲话

巍巍南开，青葱校园；草木繁茂，花香鸟语；

四相参合，季节替更；草有荣枯，花复迭替；

物候变幻，人情流转；人随事迁，天道不易；

求知自然，颐养天性；赏花观月，文人道理；

春看桃夭，夏赏荷碧；秋观红叶，冬有雪趣；

逐日奔月，累沙成壶；呼唤志士，同翻日历；

隔旬相约，共踏校园；记录花期，编制花历；

笔记摄影，畅谈花事；谈笑风生，诗词歌赋；

虽曰花事，亦非花事；有志前来，衔草为志。

补遗

　　这一段"南开花事"，匆匆记录了南开园里春季的花开花落。"花开"我是比较有信心说的，"花落"则不尽然。不少植物只记录了始花的日期，盛花、凋落的日期或者没有记录、或者没有写出，这不能不说是个遗憾。另外一个需要补遗的是，这一段记录的仅仅是2011年的花期，不代表常年观测的平均值。植物的花期与气候、植物生长势等诸多因素相关；这里仅是为了时间序列的便利，把始花日期作为主线索。南开园的植物花期，另有地方做多年的记录展示，这里不赘述，万求读者谅解。对植物性状的描述，不求广但求精，因而准确性是一个重要的考量。比如说到毛白杨的"毛毛虫"现象与变绿的先后就有待做以下的补充：

　　毛白杨是雌雄异株，雌雄都是先花后叶，叶芽和花芽都是相互独立的：先是花芽萌发和开放；接着是叶芽萌发和叶片展开。

　　雌雄株的不同点在于：雄株开花后，花很快凋落，但是叶芽的膨大和萌发比较滞后，花芽萌发和叶芽萌发之间有一个较长的时间间隔（约10~15天）；而雌株则不同，开花后叶芽也紧跟着萌发。由于雌株开花在雄株花落之后和叶芽萌发之前，所以这个时期的雄株和雌株非常容易区分——刚开始雄株和雌株都是冬态，光秃秃的；接着开始变绿的是雄株（雄花序开放）；雄株绿了一阵子之后就又光秃了（雄花序凋落）；接下来是雌株清一色地变绿（雌花序、果序以及新叶），这时雄株还是光秃一片；等到雌株种子成熟并开始飘絮了，雄株才又开始慢吞吞地展叶：这时候雄株和雌株才达到共同绿化。

三月

榆树开花

榆树位置： 榆树在校园内几乎随处可见。中心实验室东南角有一棵较大的； 二主楼东南角，三教北侧草坪；西南村、北村……

鉴别要点： 高大乔木；先花后叶；花紫褐色，翅果即为榆钱。

榆科 Ulmaceae 榆属 榆树 *Ulmus pumila*

[示虫瘿]

（差点忘了，其实榆树才是最早开花的。）

　　每年的早春，还很冷的时候，榆树的花芽就在孕育了。你看那榆树枝头：顺着树枝一串一串黑黑的、瘦弱的花骨朵儿，看着像会随时被风吹落似的。但是一旦冬的禁令解除，它就将绽放。

　　是啊，对于榆树的花来说，哪怕是小小的一个挣扎，也要给世界带来一点波动。

　　小学课本上，有刘绍棠先生《榆钱饭》一文。文中描述了困难时期小孩子们与榆钱之间的苦与乐，看得我特别地心痒痒。南方没有榆树的分布，一直到了大学才得以见到榆树的真容。北上是在秋季，彼时的榆树顺应了大环境的趋势，把自己的叶子全部漆成了橙黄色，却也美得很纯朴。经冬到了来年春天，终于见识了久仰的榆钱，并且也迫不及待地尝了那味道，觉得也就一丝丝甜味，并不似预料的那般荡气回肠。于是，心里又一次升华了。

　　榆树在大北方是房前屋后最常见的伴侣树种之一。无论是乡村还是城市，在庭院里、长廊旁、道路两边，榆树都是最易闯入眼帘的风景，就像在南方常见竹丛那样。榆树的花毫不起眼，就算是开败了都还没被发觉也是常有的事。可是榆钱成熟的时候，年纪长的人们嘴巴里面，就会不自觉地泛起那股馋。榆钱近圆形的翅果，跟古时候的铜钱相似，故得名。嫩的榆钱味甘甜美，口感较好，是北方人饭桌上易于尝到的美食。勤劳手巧的人们总是会变着法儿，用各种烹饪方法做出可口的榆钱食品。从这一点来说，南北方又是那么相似。

　　春来了，春又走了。那一树榆钱香，会成为人们弥久的记忆罢。

[3月11日]　**荠菜开花**

荠菜位置：校园里杂草坪几乎到处可见。比较集中在南门樱花园、谊园南侧的津河边上。

鉴别要点：一或二年生低矮草本；基生叶分裂；十字花白色小型；短角果近心形。

十字花科　Cruciferae　荠属　荠菜　*Capsella bursa-pastoris*

　　渐渐地，春天的气息开始散布了。我小心地捕捉着任何看似不起眼的信息，生怕错过了什么。清晨沿着津河边走，边走边注意着那些隐隐泛绿的角落，蓦地发现原来荠菜已经在静静地开放了，不由得感慨：今年第一名是它了吧……(我收回这句话，第一名应该是榆树。)

和上文提到的《榆钱饭》一样，《挖荠菜》也是几乎同一时代背景、同样风格的、乡土气息浓郁的、以野菜为线索的散文。从《榆钱饭》里，我们不仅认识了榆钱的美味，还知道了一个典型的人物角色"丫姑"；相信在《挖荠菜》里也会有同样的收获。不同时代的人对于这一类主题的理解，当会是千差万别。也许，现在的90后、00后们读这些当年的经典，已经不会在心里泛起什么波澜了。

　　毋庸置疑，相对于榆钱的地域性限制来说，荠菜无论在南北都有着足够响亮的名头和美好声誉。北方人在早春会挖荠菜作为上品野菜，经各种手法加工而后搬上餐桌。在我的家乡，南方人则用另外的方法来吃到这种野菜，其一就是煮透揉碎后掺到糯米粉中做成荠菜糍粑，其二是作为草药凉茶煮水喝，少量多次，可以清咽利喉，对咽喉病症有奇效。

　　早春开花的低矮草花里，除了荠菜还有独行菜等。荠菜开白色的微型十字小花；花还没谢幕，它那同样微型精致的心形短角果就已经崭露头角了。心形的果实，是荠菜最容易区别于其他类似野菜/野花的特征了。这果实成熟后，就会从心形的下缘裂开，种子释放出来，而两瓣心还连结在心形凹陷处的果柄上，迎风飘扬。

　　荠菜在乡野里最常见不过了，而在城市花园里它们的生存空间正在遭受越来越厉害的挤压。幸而，这种天性顽强的野菜善于在夹缝中求生存。只是不知道它们的生存空间还会被压缩到什么程度。有一点儿担心，到了某个年代，我们的后代只能从博物馆里去看荠菜长什么样子……

　　但愿那一幕不要到来。

[3月11日]　**毛白杨开花**

毛白杨位置：校园里几乎到处可见。最为集中的是大中路两侧。

鉴别要点：高大乔木；树干灰白色，老干上有菱形"眼斑"；雌株飘杨絮。

杨柳科 Salicaceae　**杨属**　**毛白杨**　*Populus tomentosa*

　　毛白杨是早春开花的第三名。

　　大中路是我每天上下班的必经之路。路的两侧种的满是高大挺拔的毛白杨。一年四季我从这里经过，都能目睹它们的风采。一年四季从这里经过的人无数，也许很少有人像我这样每天都会抬头看看它们，说一句：你好，杨树！

　　人们不关注毛白杨，也许是因为它们没有漂亮而鲜艳的花。其实它的花挺漂亮的。到了早春，校园里很多灰色的毛毛虫一样的，就是它们的雄花；再过一阵子，这些毛毛虫变成黑色了，全掉地上了；再再过一阵子，树上又挂满了灰色的毛毛虫，这次是它们的雌

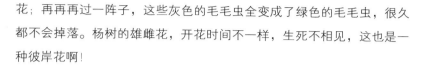

花；再再再过一阵子，这些灰色的毛毛虫全变成了绿色的毛毛虫，很久都不会掉落。杨树的雄雌花，开花时间不一样，生死不相见，这也是一种彼岸花啊！

有人研究了毛白杨，认为过去发现的不结实现象是由于花期不遇造成的；但经过物候期调查，证明虽然雌雄花期具有一定差别，但阳面和阴面的树其花期可以互补，从而消除花期不遇的差距。由于毛白杨为风媒花，花粉可以在很大的范围内随风飘荡，完全可以授粉。换句话说，雄花末期和雌花初期，它们之间的花期也是相遇的。因此，花期不遇的说法理由并不充足。某些观点认为种子不成熟的原因主要是花粉败育，雌花无法顺利完成授粉过程。也有研究认为，毛白杨种子败育的主要原因在于幼胚停止发育。这可能是由于环境条件不适等其他多方面因素造成的。植物败育一般有四种情况，分别是：(1)雄性不育，包括花药退化、花粉败育、绒毡层细胞结构异常等；(2)雌性器官不孕，主要表现为雌性器官形态结构异常、大孢子母细胞及营养器官退化；(3)授粉受精不良，主要表现为自交或异交不亲和；(4)胚中途败育，不同植物胚败育的时间、败育原因及解剖学特征各不相同。

但我认为毛白杨的雄花、雌花是否有明显的花期差异因地而异、因树而异，不能一概而论。另外，毛白杨能否产生可育种子也是因地而异、因树而异，亦不能一概而论。比如在我所在的地区，雄花和雌花花期不遇就比较明显。

毛白杨树上"绿色的毛毛虫"其实就是它们一串串的果实。等到这些果实成熟并绽开，里面的种子就会露出来；种子上带有白色的棉毛，随风飘荡，就是我们常说的杨絮了。早春到处飘的杨絮有点儿恼人，但不管怎么说，毛白杨依旧是人们所喜爱的树。

[3月11日]　**迎春花开花**

迎春花位置： 西区公寓2、3、4号楼、水房旁草坪；行政楼东侧自行车棚旁草坪；伯苓楼南侧草坪；西南村居民楼小花园等地。

鉴别要点： 灌木；枝条常弯垂；先花后叶，花金黄色，常6瓣。

木犀科　Oleaceae　素馨属　迎春花　*Jasminum nudiflorum*

南开花事

在校园里，活跃着这样一些热心的学生，对花草树木都很感兴趣，我也是其中的一员。我们自发组成了兴趣小组，一直坚持观察校园植物的物候。3月11日，我们苦苦盼望的迎春花终于开放了，这个消息在小组内一下子传开，大家争相去看迎春花开。

迎春虽然没有抢到第一名，却称得上早春里最漂亮的第一名。

在我亚热带的家乡，迎春经常在前一年冬天就已经盛开了。虽然是"迎"，但迎得也太早了吧？（有元春的嫌疑。）因此我开始猜测，我国很多以季节命名的植物，其命名应该都是根据温带的物候，比如迎春。在温带的中北部、华北甚至东北等地区，迎春恰在春季的开头开放，这样恰好与它的名字相符。那么为什么要以温带的物候命名呢？是否因为历朝的政治、经济中心多在温带城市，而这些中心自然而然地又成为文化中心：植物的命名乃至花语、花文化，总离不开文化的土壤吧。

迎春是先花后叶的植物。早春里先花后叶的植物有不少种类，经常容易混淆。于是就出现了多种版本的"迎春花"。虽然在其他的地方提到过，这里还是要重复一下：不求甚解的"迎春花"一般有迎春（四棱枝，株较小，蕾带红色，花六瓣，花先于叶，冬季落叶）、连翘（圆枝，株较大，花四瓣，冬季落叶）、黄素馨（花多重瓣，常绿）等。具体的还需要仔细观察和比较才能印象深刻。

迎春的繁殖较为简单，扦插或者压枝就可以。它们对环境的要求也不高，一般的土壤都能够长得很好。迎春枝条披垂，花色金黄，叶丛翠绿，在园林中应用广泛，经常配置在湖边、溪畔、桥头、墙隅或在草坪、林缘，深得人们喜爱。除了作为观赏植物，迎春还可入药。它的叶子可以消肿解毒，治肿痛恶疮、跌打损伤；花能解热利尿，治发热头痛、小便热痛等。看来迎春也是多面手啊。

山桃位置：理化楼东侧路口；敬业广场靠近范孙楼的草坪；化学楼东南侧草坪；附小门口；三食堂北侧草坪；十三宿北侧草地；教材中心南侧草坪；西南村及北村均有。

鉴别要点：小乔木；树皮漆红色；先花后叶，花粉红色，5瓣；果多毛。

蔷薇科　Rosaceae　桃属　山桃　*Amygdalus davidiana*

昨天我关于山桃的预言不小心被打破了。

　　昨天我说：我觉得明天山桃就会盛开，满树繁花，如粉绢般灿烂。有人立即诘问道：难道你给它打过电话了，这么肯定？到了傍晚，有人说，山桃开了好几朵了；没想到到了晚上，天气预报发布降温警报……今天早上阳光灿烂，我兴冲冲地扛着相机准备去收获满树繁花（同时也收获预言），结果却看见满树的，仍然是胀鼓鼓的花骨朵儿，吹弹可破；费了半天劲才在花骨朵丛中找到一两朵半开的，还犹遮面……预言不攻自破。

　　每年的山桃开放，都会是一记惊动——不管是惊喜、惊讶、惊愕……时而款款走来，缓缓开放——那是寒流吹袭的结果；时而骤然绽开，一夜爆红——准是头晚上来了一阵暖风；还有一年（2009年）有点残忍：暖暖的春风似乎一如既往地来了，于是山桃兴冲冲地全开了；不曾想次日半夜老天肃然变脸，可怜一树繁花，尽风里雨里残红落尽……也许没果；花是开了——它至少为自己活了，而且活出了光彩；那结果的责任，不是它自个儿说了算，只能尽力而为了……

　　不管怎么说，今年的山桃是开放了，一如既往地吸引了人们广泛的注意。山桃花蕾是深粉红色，绽开以后则是水红中带着粉白。花开的时候还没有长叶，满树繁花把山桃树妆扮成了粉红色，无数红男绿女在树下拍照留影。也许在寒意料峭的早春，人们需要一抹亮丽来温暖自己吧。

[3月16日] **蒲公英开花**

蒲公英位置： 分布于校内各处，草坪、林下、甚至地板砖的缝隙里。比较集中的地方有：樱花园、主楼小礼堂东侧草坪、"一树园"草坪、津河北岸一线。

鉴别要点： 多年生草本；叶大头羽状分裂，有白色乳汁；头状花序金黄色；种子带毛，小孩常用来吹着玩儿。

菊科 Compositae 蒲公英属 蒲公英 *Taraxacum mongolicum*

听说津河边有蒲公英开花了，于是赶紧放下手头的活计，带上相机赶到了河边。津河和校园之间的一片草地朝阳，是早春最容易被晒暖的地方，这为草木的复苏提供了至好的条件。蒲公英分布在这里很多年头了。在深秋和初冬时节，这种多年生的植物的地上部分即已凋零枯萎，依靠地下部分度过寒冬；到了早春则重新萌发出叶片，一旦气温回暖即开始筹备开花的事宜。

在华北的天地，蒲公英在野草的群体里，正如华北珍珠梅在灌木的群体里。为什么这么说呢？因为这几年，亲眼见了蒲公英如何在寒潮初退的早春就绽开金黄色的灿烂花朵，而到了万木凋零的深秋，仍能看到它们略显娇弱的花瓣在白霜衬托下闪光；和蒲公英几乎同时绽放于早春的，就是它，华北珍珠梅！只不过，它绽放的是叶芽，这在这一班灌木中，当数较早了；华北珍珠梅在5月份始花，能够一直开到10月末（甚至11月），于是全年你都能看到它们珍珠一样剔透的小花朵。

蒲公英是人们熟知的野花。民间管蒲公英叫作"婆婆丁"，认为这是一种清热凉血的野菜。婆婆丁做野菜要趁嫩，开了花就变苦了；老百姓熟知这些规律，总是在开花之前就开始采挖。其实蒲公英的功效并不比它的近亲、常见蔬菜——莴苣好多少；人们想要尝尝野味的心情可以理解，但是每每看到被采挖的蒲公英，想到一两周之后它会开出如此娇艳的花朵，心里总是莫名惋惜。

真心希望人们把它们当成荒野里美丽的精灵，用审美的眼光去看待它们，而不是用挑剔的舌尖去品尝它们。

夏至草开花

夏至草位置： 津河北岸，靠近校园的一侧；各处草地边缘常见。

鉴别要点： 多年生草本；茎四棱形；叶对生；轮伞花序，萼片带尖刺，花白色，唇形。

唇形科　Labiatae　夏至草属　夏至草　*Lagopsis supina*

早晨，有一缕微风拂面，晨光正好。沿着常规的巡鸟路线，又来到了津河河岸。

　　这里，是人迹罕至的偏僻所在，也是每年惊喜最多的地方。早两天本来是来拍花的，结果邂逅了亚洲短趾百灵（一种雀形目鸟，个人新记录，南开新记录）；而今天，本来是来补拍早两天开花的荠菜的，结果惊喜地发现夏至草大人提前开放。

　　夏至草是多年生草本，每年春天，都会从去年生长的地方长出新苗。

　　他的样子略显羸弱，永远低低地贴着地面生长，直到他的季节到来，那是花季。

　　有露水的早晨，他密布了晶莹的毛毛的叶面上，又密布了更加晶莹的露珠；在橙黄色的朝阳映衬下，格外上镜。夏至草的花是小巧的唇形，白色，花瓣背面也密布了绒毛；一朵花就像一个张开嘴大笑的毛绒娃娃，很多朵花组成团伞花序，就如同一群毛绒娃娃围坐着。

　　夏先生的名字由来，本来是因为他早春开花，到了夏至左右，就花凋零叶枯萎；虽然给了他早春开花的特权，但是今年的这个特权，被他使用到极致了吧。

　　去年的记录：夏至草始花，4月21日，发现于津河沿岸（也就是今晨看到他的地方）。

　　每个季节都有跃进的花儿，每年都有疯狂的草木。我想到我们曾经的中学时代，也是随处点缀着疯狂的时代。那是我们值得回忆的共同岁月，一如夏先生自己；他肯定也为自己今春洒脱的举动暗暗喝彩吧……

　　以此图文，送给我的中学同桌小西。

[3月18日]　**独行菜开花**

独行菜位置：独行菜在校园内极为常见，常大片分布。主要位于草地边缘，尤其喜欢未加开垦和种植的废弃地和整块草地的边角地段，如津河北岸沿岸均可见到。

鉴别要点：一年生草本；花黄绿色不显；短角果众多，形如蒲扇。

十字花科　Cruciferae　独行菜属　独行菜　*Lepidium apetalum*

独行菜总是和荠菜同来同往。每年独行菜出现的时候，荠菜往往都在同时开花。沿着学校南侧的津河漫步，总是能看到独行菜和荠菜的身影。在幼苗的阶段，人们总是容易因它们的外貌困惑，弄不清楚哪个是独行菜，哪个是荠菜。哪怕到了开花的时节，由于它们的花都是对比不强烈的绿白色，仍然很不容易区分开来。不过一旦花期过去，果实长成，两者的区别就突显出来了。

随手拿来一颗独行菜的果实，跟荠菜的一对比就能明显看到，前者像一把蒲扇，后者犹如一颗心。其实独行菜和荠菜之间的外形区别还是挺大的。它们的叶子形状、它们的色泽、它们花的排布方式、它们果实的形状……很多时候，看花草不一定要历数根茎叶花果种，而是看一种感觉；这个东西，你一眼看去，很肯定地说是此而不是彼，这就是所谓的"花感"。这是一种奇妙的感觉。

独行菜喜欢群居，所以你总能看到它们很多兄弟姐妹挤在一堆儿；开花的时候一起开花；结果的时候一起结果；就算到了夏季要枯萎了，也一起枯萎——于是你就看到了一地的枯黄。我到底还是怀疑，它名字的由来，是不是取义于反义？

独行菜和荠菜亲缘关系不算很远，受到人们的礼遇却相去甚远：后者是人们喜爱的野菜，往往成为早春盘中一味美食；而前者，却很少有人问津——也正是因为这样，独行菜幸运地躲过了饕餮。这就是所谓的福祸相依吧。

[3月19日]　**酢浆草开花**

酢浆草的位置：酢浆草多分布于草地边缘、地面铺装缝隙、墙脚缝隙等处。伯苓楼南侧花圃内；新图西南侧墙脚及草地；谊园与津河之间的草地较为常见。

鉴别要点：多年生草本；3小叶呈心形，常红色；花金黄色，5瓣；蒴果长圆柱形。

南开花事

022

酢浆草科　Oxalidaceae　　酢浆草属　酢浆草　*Oxalis corniculata*

在图书馆看书看累了的间隙，喜欢绕着这座略显古旧的建筑（新图其实不新，名不副实；但的确比老图新）走上两三圈。图书馆周边的植物种类非常丰富，包括校园里仅此一株的中华猕猴桃、开花如烟云的黄栌，以及生长在墙脚缝隙里的酢浆草。今天上午，我突然发现，酢浆草静静地开花了。

　　酢浆草开金黄色的5瓣小花；叶片由3片心形的小叶组成；叶片有正常的绿色的，也有紫红色和红色的。校园里这个类群，是红叶的类群。酢浆草也算是具有持久作战力的不知名小花之一了。它们经常很早开花，开到一年的尽头。我喜欢它们默默无闻的样子，总是低低地铺在安静的角落。一旦花开的时候，却那么灿烂，令人着迷！

　　童年留给我很多关于酢浆草的记忆。那时候不知道它的大名，只知道它叫作"酸咪咪"，因为拔一片叶子起来，舔一下叶柄的断开处，能酸得你直打冷战。另外一种玩法，是两个人各拿一片叶子，把叶柄外的皮撕掉，然后荡着绕到一起，拉开，看谁的不断，即为赢家。

　　酢浆草的根（球茎）形状很丰富，可以长成奇形怪状，有的像萝卜，有的像小人参，玩法也相应地很多；关键是，根也酸咪咪的；玩腻了，还有得吃，所以，它一直是乡村里的孩子们喜爱的对象。

　　如今已不是在乡野里撒欢的小小子，已经成长为漫步在大学校园里的大龄青年，当年对于酢浆草的那份情谊，已经化作淡淡的怀念了罢……

[3月20日] 连翘开花

连翘位置： 校内连翘分布极广，多丛植于草坪周边。西区公寓内草坪；伯苓楼西、南、北侧草坪；经院方楼南侧草坪；新图东南侧、敬业广场西南侧草坪；三教北侧草坪；津河北岸沿岸等。

鉴别要点： 灌木；枝条常拱形开张，嫩枝四棱形，黄色；花金黄色，常4瓣。

木犀科 Oleaceae 连翘属 连翘 *Forsythia suspensa*

中午饭后，带着兴趣小组的几位同学在新图前的敬业广场散步，远远看到连翘枝头已是一抹鹅黄，不由得叹了一句："连翘（qiào）也开了。"汉字里面多音字很多，这个连"翘"也是。从高考过来的孩子们都知道，这个字应该念"乔（qiáo）"音。有时候讲解时没太注意，立即就有人出来纠正，其实蛮好玩的。

连翘也算是早春开花最早的灌木之一了。在天津地区，只有迎春可以跟它争第一名——不同的年份，开花各有先后；可能也是因为这个原因，不少人往往把这两者混淆了。从形态分类学上说，连翘和迎春都是木犀科的灌木，但是属于不同的属。仔细说来，要区分这两者其实有好几个利器可以使用：

1. 看整体形态：连翘相对比较高大，枝条数量相对较少；枝条粗壮开张，上扬明显；迎春相对矮小，枝条细密，一般弯曲下垂。

2. 看枝条：连翘的枝条为圆柱形，颜色为淡黄色；迎春的枝条为四棱柱状，颜色一般为绿色。

3. 看花朵：它们的颜色都是黄色；但连翘一般为4瓣，而迎春为5或6瓣。

关于最后一点，其实我不是那么自信。木犀科的某些属，花冠分裂的数量实在是不怎么定数。比如，我就曾看到连翘的同一个枝条上紧邻的三朵花，分别是3、4、5瓣裂的；而迎春的瓣裂数记录已经扩展到了3~7瓣裂。还应该举一个例子，就是紫丁香。一般说来，紫丁香是4瓣裂为主，3瓣和5瓣紫丁香较为少见（据说谁找到5瓣的紫丁香，谁就能遇到好运！），但是有一次游园，一个花友找到了17瓣裂的紫丁香！

今年的迎春很早就开花了。看去年的开花记录，我们不由得暗暗地为这个冠军喝彩，以为它会把连翘远远地抛在后面。然而似乎是为了打击我们这种偏爱，连翘默默地发起了攻势，终于在今天这样一个寒风凛凛的天气里，努力绽开了打前锋的几朵花朵。看着它们羸弱地在风中飘摇的样子，我们只能感慨生命的勃发和大自然的伟力了。

[3月20日] **垂枝梅开花**

垂枝梅位置：行政楼东侧草坪。

鉴别要点：小乔木，常为嫁接；小枝绿色；先花后叶，花粉红色，5瓣，香味明显。

蔷薇科 Rosaceae 杏属 垂枝梅 *Prunus mume* var. *cernua*

认识垂枝梅是去年的巧事。说是巧事，其实也是必然。因为在校园里拍花的缘故，我渐渐遍熟了学校的每一个角落，有时候竟然能够达到这样的程度：看到有人在BBS上说，什么什么开花了，我立马可以知道他说的那个什么什么在校园里的哪个犄角旮旯，周围有什么特征……

垂枝梅移栽过来的时候，并没有引起我的太多关注。直到去年早春，一场迟到的雪过后，我端着相机在行政楼旁边闲逛，看到了在融化的雪水里瑟瑟发抖的它的柔弱的花瓣——我开始研究，这个长得和桃花相似的，到底是一个什么神圣。查了半天资料，才知道原来应该归为梅的一属，因为它的特征如此明显：新枝条绿色，花萼不反卷，并且还有延伸。为了彻底区分桃李梨杏梅海棠樱花樱桃榆叶梅……之类，又折腾了半天，最后好像是稍微明了一些了；可是时过境迁，到现在细究起来，竟不明白当时是否真的知道了些什么。

看完连翘之后，我们顺道探访了行政楼附近的花园，发现今春垂枝梅华丽丽地开放了；和对连翘的猜测一样，我们也在附会：是否为了欢迎我们今天的访花活动，它破例早早打开了城门？毕竟比去年的花期早了半个多月，现在的垂枝梅，开出的花依然是弱不禁风的、羞涩得半遮面的。

可是，我能看到它正在孕育更多的花骨朵，可以预见，在不久后的将来几天，它将会绽开满树繁花！垂枝梅的花有淡淡的清香，有的时候你不需要太细心去留意，仅根据这一缕幽香就能捕捉到它们花开的讯息。

[3月20日] 附地菜开花

附地菜位置：校园里常见。可见于草地边缘、草坪、各处花圃。较为集中的地方有：伯苓楼南侧花圃、樱花园、津河与谊园之间的河岸等。

鉴别要点：一年生草本；基生叶莲座状、匙形；花序弯曲如狗尾状，花甚小，蓝紫色，5瓣。

紫草科 Boraginaceae　**附地菜属**　**附地菜** *Trigonotis peduncularis*

　　看垂枝梅开花的时候，兴趣小组的同学纷纷在议论往年的花期，这时候有人突然问，去年的这个时候都有哪些花在开放。我翻了一下记录本，发现应该正好是附地菜的始花期。

　　尽管我很努力地寻找了，想在众多附地菜的幼苗里找到一个敢于第一个挑战严寒的，但还是无功而返，最后宣告放弃。可没过多久，燕子兴冲冲地举着相机过来，说：哥哥，我找到了开花的附地菜！原来这个第一个开花的家伙，仅仅是在它贴近地面的茎顶端冒出来一朵小花，而且还有半边藏在叶片下——真难为了燕子，这么不显眼居然还找到了。

　　附地菜是那么名不见经传，一如它的名字"附地菜"，附着在地面的小野菜。可是附地菜也有它张扬的一面，比如，很多植物分类学教材在介绍花序类型的时候，会提到它。附地菜的总状花序，在幼小的时候常常向一边卷曲，犹如卷起来的狗尾巴，很可爱。下次看到的时候，你可以仔细欣赏一下呵。

　　如附地菜般名不见经传的，还有很多其他的野生花草，它们在早春就开花，在短短的时间内完成繁殖，把遗传基因储存在果实和种子里面之后，便宣告生命周期结束。这一类开花植物我们称为早春植物。在华北地区，早春植物大都是喜阳植物，它们赶在高大的灌木和乔木形成荫蔽之前就完成开花和结果的环节，避免了被遮阴。植物界的这种适应机制，总是在有意无意地昭示着它们的大智慧。

［3月23日］ 加拿大杨开花

加拿大杨位置： 校园里仅有一棵，位于西区公寓门口内西侧。

鉴别要点： 高大乔木；树皮皲裂深重，偏黑色；先花后叶，雄花鲜红色。

杨柳科 Salicaceae　杨属　加拿大杨　*Populus×canadensis*

　　早晨出门时，看到西区公寓门口那株加杨雄株开花了。这时候的加杨还没开始展叶，满树猩红色的雄蕊把它的树冠都映红了。"真是艳丽的花！"我不由得赞叹。

　　我们这一代人的成长里面，有一个印象似乎根深蒂固——茅盾先生在《白杨礼赞》里描述的白杨："那是力争上游的树，笔直的干，笔直的枝……没有婆娑的姿态，没有屈曲盘旋的虬枝……一律向上，绝无旁逸斜出……"。因为这种普遍的根深蒂固（我得承认传统教育/教化力量之强大），直至今日，我们都还思维惯性地用这种被植入的理念去生活，比如对于广义的杨树，我们是只要见到类似杨树的东西就习惯于惊呼一声"白杨！"的。别试图否认，这样的例子可不在少数。

实际上，白杨只是一个很概括的说法。我妄自揣测茅盾先生在写这篇散文的时候没有想法也没有必要去考证路旁的到底是哪种杨树；并且，这篇文章的立意似乎在于借物喻人，作者并没有执意针对某一个种类或者品种的杨树进行礼赞。如今看来，文中提及的"白杨"，可能是青杨系的某种杨树了。

我们常见的广义的"杨树"包括的种类和品种简直数不胜数。据说，在中科院植物所的院子里就种有一株杨树，树上的标牌写着"未鉴定"字样。这一方面说明这个属下面的种类的确很多，另外一方面则说明，杨属植物应用非常广泛，人们培育出来很多品种。

加拿大杨是众多"杨树"中较为常见的一种。加拿大杨广植于欧、亚、美各洲，并于19世纪中叶引入我国，以华北、东北及长江流域栽植最多。这种树生长势和适应性较强，对水涝、盐碱和瘠薄土地均有一定耐性，能适应暖热气候。除此之外，因为它们对二氧化硫抗性强且具有一定的吸收能力，因而格外为人们青睐。和它的大部分杨树家族的兄弟一样，加拿大杨生长快速，成材早，寿命也不长。

挺拔的加拿大杨站立在众多杨树中间，我们如何去辨认和区分呢？鉴于华北地区常见用作行道树的杨属植物并不多，这里只是简单介绍一点儿皮毛：加拿大杨和毛白杨的区别。这两者最直观的区别在树皮：成年的加拿大杨树皮呈暗黑色，表面纵裂纹深刻，手感粗糙；而毛白杨树皮呈灰白色，上面有众多菱形的类似眼纹的痕迹。另外从叶形、叶背是否有毛、花序的颜色和形状等方面也很容易进行区分。至于这两者与其他杨属植物的区分，你可以在饭后散步的空闲里仔细观察一下，相信会有惊喜哦！

［3月24日］ 小叶黄杨开花

小叶黄杨位置： 常见于校园里的花圃、绿篱中。常与大叶黄杨、紫叶小檗、金叶女贞搭配使用。集中见于蒙民伟楼小花园、综合实验楼东南侧绿篱。

鉴别要点： 常绿灌木；叶椭圆形有光泽；花黄绿色，无花瓣。

黄杨科 Buxaceae　黄杨属　小叶黄杨　*Buxus sinica* var. *parvifolia*

小叶黄杨是华北园林绿化里用得最多的常绿灌木之一，也是最常用的绿篱植物。在我们周围还能看到的另外三种常用绿篱植物有：大叶黄杨（冬青卫矛）、金叶女贞、紫叶小檗（后两种是落叶灌木）。要说明的一点是，虽然冬青卫矛和小叶黄杨都叫"黄杨"，但它们亲缘关系较远：前者是卫矛科卫矛属植物，后者则是黄杨科黄杨属植物。从植物分类学角度来看，中文名经常这样，把很不相关的东西扯到一起。

　　小叶黄杨的花其实很不明显。除非刻意去找，不然是比较难发现的。因为它们的花只有花蕊，没有花瓣。三个雌蕊是绿色的，雄蕊和花药是黄绿色的；在常绿的叶子衬托下，几乎看不出来。所以经常是这样，它们默默地开花了，又默默地花谢了，直到默默地长成了果实，都不在人们的视野之中。

　　校园里用小叶黄杨来做绿篱的地方不在少数，蒙民伟楼小花园的小叶黄杨就比较集中。我们当时就站在它的旁边说话。目光转移的一刹那，我惊喜地看到类似花蕊的东西。再仔细一看，可不就是它们开花了么。于是凑近了看。以前也知道小叶黄杨是没有花瓣的，可还真没好好观察过；这一观察，还发现原来它们的花是簇生的，好几朵长在枝顶，总是最中间那朵先开。初开的雌蕊柱头上有亮晶晶的反光，那是蜜，用来吸引昆虫的。

　　小叶黄杨也被叫作"瓜子黄杨"，因为它们的叶片形状很像瓜子。有一部分老叶片经过新陈代谢变成了橙黄色，在下午阳光照射下，逆光的效果是如此的灿烂。

[3月27日] 杏花开花

杏花位置：大都分布在校园里的"村"里，如西南村、北村；西南村春饼店前；新阶南侧草坪有一棵较大的；老图东侧草坪新种了两列杏的亚种（西伯利亚杏）；北村水果摊后面也有一棵较大的。

鉴别要点：小乔木；花叶同时，萼片反卷，花粉红色，5瓣；结果即为杏。

蔷薇科　Rosaceae　杏属　杏花　*Armeniaca vulgaris*

今天早晨发现新阶门口的杏花开花了。

每一年的早春时节，山桃、杏花、梅花、海棠、西府海棠、榆叶梅、梨花、李花、樱花、桃花、碧桃……相继开放，便无一例外地引来一阵热闹。这些广义李属和梨属的东西，总是给我们带来很大的困惑。对于没有分类学基础的人来说，光是要搞清楚上面这些就已经够忙一阵子的了；可是近年来又培育了它们的无数近亲：各种品种的山桃、碧桃，各种杂交品种……于是，该热闹的更加热闹；不愿意掺和其中的，干脆乐得个痛快——无论看到什么，粉红色的就叫桃花，白色的就叫李花！这样一种痛快的划分，其实也省了不少事情。本来爱花赏花之人，不一定非得成为植物学家；这就如同爱吃鸡蛋之人，不一定非得认识生这个蛋的母鸡一样——知道是母鸡生的而不是公鸡生的就行了。

对于公众欣赏自然界，我向来抱着比较宽容的想法。一方面因为自己也是公众之一员，深切明白人各有专长，而欣赏生活其实本来是一种闲情逸致；另一方面是觉得没有必要大家都被分类学的东西搞得头大——就如同认识一个人，记得他的容貌，下次碰面还能知道是认识之人，到此为止，而不一定非得知道他姓甚名谁。

话题好像有点扯远。

杏花开在3、4月间，正好是她的前辈山桃先生行将就木之际。有时候我总觉得这是老李家族形成的默契，约定好了要一个一个上，用车轮战的方式霸占整个春天。于是你就看到，山桃开完了杏花开，杏花开完了榆叶梅开，榆叶梅开完了樱花开。当然了，这也不是一成不变的。有的时节，或者是因为老天开了个玩笑，耍个小手段骗开了谁谁；或者是谁谁耐不住寂寞了，插了个队抢先争春，抢得头筹。不过大多数时候，他们还是很规矩地按时出列，比如今年。山桃的花瓣刚要索索飘落的时候，杏花就开始在角落里羞涩绽放了。她的遮脸布是如此鲜艳的红；花苞初放之际，连脸蛋儿也是红扑扑的：这就是杏花。

说到她的遮脸布，这是杏花的萼片。和其他近亲不同，杏花的萼片呈很明显的反卷，这使她在众花中脱颖而出而容易被识别。杏花的花初开之时颜色比较浓郁，过了一段时间之后，便由红色变为粉红；在几个朝阳夕晖更替之后，这粉红也渐渐褪了程度，变成了粉白，最后变成了白色，落英缤纷，香消玉殒。

杏花有淡淡的幽香，这也让她在姐妹们中间尤为出彩。等到这种淡淡的幽香消逝了，杏果的小毛头也就初露了。直到这时候，杏树的叶子才逐渐展开。如果你仔细检查，会发现杏树叶子的基部，叶片和叶柄相连的所在，两侧各有一个突起的疣，这是她的美人痣，也是她为自己装扮的另一个美艳的法宝。杏花的姐妹中，樱花也有这样的美人痣，不过位置稍微有差别：樱花的腺点长在了叶柄上。

杏花是朴实的象征。在北方，人们喜欢在房前屋后种植杏花，欣赏她娇美容颜的同时，还能收获美味的杏果和享用杏仁。我总在想，人们因为需求而利用了植物的这些美德，心里总觉得有点儿理亏，于是就给它们附会了各种各样的品格，比如赋予杏花朴实的品格。细细品味这些关于花草树木的文化，也不失为一种有意思的美事。

[3月27日] 玉兰开花

玉兰位置：南门樱花园有一株；西南村居民区亦有。

鉴别要点：小乔木；先花后叶，花白色大型，有香味。

木兰科　Magnoliaceae　木兰属　玉兰　*Yulania denudata*

近来天气渐渐地暖和，太阳晒在身上也有温热了。杏花的盛开引来了不少踏春的摄影爱好者。一位上了年纪的老者告诉我，南门樱花园的玉兰也开花了。对于爱花之人来说，相互交流花期信息是多么值得尊敬的事呀！"真的？太谢谢您了！"我边回头跑边表达敬意。

果然，樱花园那株玉兰开出了最初的几朵花。

玉兰向来有"望春花""应春花"的美誉，我想这是因为它们在早春开放，独傲枝端，犹如翘首以待春天之态。玉兰花形硕大而弥散幽香，花瓣质感如凝脂，给人气质格外高洁的感觉。

　　犹如玉兰者，多为先花后叶。它们往往在头一年的秋冬开始运筹帷幄，为来年的盛开造势。你看它们枝头上，一个个毛茸茸的笔头——难怪紫玉兰有一个别称为"木笔"——这是花骨朵儿。这些毛茸茸的东西能够为花芽抵御严寒，厚厚的鳞片更加保证了它们顺利过冬。等到来年春天，花骨朵一天天地膨大；直瞅着春暖花开的时节，便毫不犹豫地绽开。

　　俗语总是说"红花需要绿叶衬"。也不知道是玉兰鲜有红色者，所以没有应这句俗语呢，还是人家根本就不落俗套，不整那些排场；或者干脆地，它觉得光是自己出场就足够了，那些文饰的东西，可以忽略不计，所以你总是看到玉兰花孤独地开放。直到花陆陆续续凋零了，叶子才姗姗地冒出来。

　　也许，这又是一个较好的附会罢。从生态学的角度来看，植物的这种生存策略是长期适应环境的结果。具体的适应机制我不得而知，单从"黑箱"的角度看，目前的这个结果的确如此。它们在漫长的严冬用厚厚的盔甲保护较弱的花芽；在春来之际，暂时放弃展叶，举全身之力去扶持花朵，保证它健壮地绽放。花是大部分植物借以传宗接代的途径，自然会成为这一类相当惜命和有传播后代责任感的植物要重点保护的对象。先花后叶和先叶后花，这是两类不同的生存策略，玉兰选择了前者。

[3月27日] **中华小苦荬开花**

中华小苦荬位置： 常见于废弃地、荒地、草坪边缘；西区公寓草地边缘较多；津河北岸极为常见。

鉴别要点： 多年生草本；叶不抱茎；头状花序多，金黄色。

菊科　Compositae　小苦荬属　中华小苦荬　*Ixeridium chinense*

　　早上经过那片区域的时候，并没有发现中华小苦荬已经开花了。下午燕子向我报告这个消息，后来还写了颇觉得冤枉的一篇小文，蛮有意思的。

　　在之前的介绍中，我按照惯例把它叫作"苦菜"了。"苦菜"，在中国近现代史里注定会成为一个寄托了太多特殊感情的名词。灾荒年代，苦菜是人们的救命粮草。"苦菜"为野菜之王，《神农本草经》把它列为野菜中的中品；遗憾的是，那里面的所谓"苦菜"另有所指，即败酱科的某种植物。在更具有中国特色的食用植物专著《救荒本草》中，苦菜指的却是剪刀股（*Ixeris japonica*），这是与现在我们所说的"苦菜"互为近亲的苦荬菜属植物。

撇开苦菜在民间野味（或者救命粮）的属性不谈——在另外的场合，这个已经有所提及了——校园里的这个苦菜指的是小苦荬属的中华小苦荬；与它同属的兄弟，还有我们较为熟悉的抱茎小苦荬。随着分类学的发展，人们把小苦荬属（*Ixeridium*）这个属独立了出来，而这个属与苦荬菜属（*Ixeris*）其实在亲缘关系上是很近的近亲，所以造成了很多混乱。当然了，如果你没有考究癖，那么这些所谓的混乱啊、纠结啊……都没有必要出现。沿用上面说到的放之四海而皆准的定理：凡是白色毛茸茸的都是蒲公英，凡是黄色小花开在地面附近的都是苦菜，汗。

　　把话题拉回到"苦菜"作为野菜的这个角色。其实民间吃的苦菜，大都不是这里所指的中华小苦荬，或者更甚，都不是小苦荬属的；人们吃得最多的，除了上面提到的败酱科"苦菜"和苦荬菜属剪刀股以外，大都为苦苣菜属（*Sonchus*）的苣荬菜。苣荬菜，民间叫曲麦菜（音 qǔ mǎi cài），根据各地的方言，这个读音有各种变调和文字翻译；奇怪的是，无论翻译得多么五花八门，最后端上人们餐桌的，也无一例外都是这个苣荬菜。你不得不佩服老百姓的这种识别能力；对于老百姓来说，挖野菜是一项生活休闲；找到正确的野菜则是一门朴素的植物分类学——很朴素，以至于都不需要所谓的专有名词，所谓的根茎叶花果种子……我感谢并且尊重这种朴素的分类学。

　　大部分的野菜都要趁嫩吃；当地人随便在野地里走一遭，就能拎回来一大袋苣荬菜。至于吃法，则比较随意：可以当作凉菜洗洗蘸酱生吃，也可以在开水里焯一下，但鲜有煮熟了吃的。老百姓的理由很简单：煮熟了就不是生态食品了。几乎所有人都认可"曲麦菜"是败火健康的一味野菜。据说它们在市场上的身价颇为显赫。

[3月28日] 早开堇菜开花

早开堇菜位置： 广泛分布于校园内的草坪、土壤肥厚的荒地地段，常成片分布；较为集中的有伯苓楼南侧草坪；樱花园；"一树园"附近草坪等地。

鉴别要点： 多年生草本；叶柄短于叶片；花蓝紫色；果成熟常裂成3瓣。秋季亦常见开花。

堇菜科 Violaceae 堇菜属 早开堇菜 *Viola prionantha*

南开花事

昨天被问到：樱花园那儿的紫花地丁开了没有。答：没有。但是很奇怪，今天再去看时，满地的它们在盛开。于是一度自我怀疑：难道昨天我压根儿就没有看它们一眼？！

一直以为今年的早开堇菜比去年要晚开放很多；后来查了一下，发现去年的记录里赫然写着"2010.3.29紫花地丁 樱花园"——开花的时间和今天只相差一天，地点也是符合的，是我今天看到早开堇菜的地方；但是去年记录的是"紫花地丁"而不是早开堇菜，就有点小诧异了。到底是把早开堇菜当成了紫花地丁来记录呢，还是其实去年错过了早开堇菜的记录，只记录了紫花地丁？问题其实是纠结到这两者的区分上来了。

　　早开堇菜和紫花地丁的花期相差无几，花形也非常相似。细究起来，似乎没有什么特别好的证据来将它们俩分开。资料上说：紫花地丁的距更细长；叶片的长度远长于叶柄；叶柄波状缘，且叶柄上有狭翅。距的长短到底是相对而言的，没有对照的话很难量化；最后不如求助于这个"叶柄有狭翅"。后来看了看，其实今天开花的那个的确是光杆一样的叶柄，而且叶柄显得很修长。不过要注意，早开堇菜的叶子在果期会明显增大，这估计也会成为"认识"它的一道障碍。

　　早开堇菜的花常为蓝紫色，5瓣；其中最下面的一个花瓣最宽大，基部延长为管状的"距"。别小看这个距，它往往是花蜜的所在。由于距为狭长的管状，那些口器短的昆虫就只能望而兴叹了——堇菜属的花朵用这个门槛来选择传粉工，避免了花粉的浪费。等到堇菜的果实成熟了，就会自动裂成3个独木舟一样的瓣，每艘"独木舟"里都挤满了胖乎乎的乘客——那是它的种子。

　　在年情好的时候，早开堇菜会在秋季花开二度。我第一次得知这点的时候，着实惊奇并且兴奋了蛮长时间。

[3月29日] 紫叶李开花

紫叶李位置：伯苓楼南侧草坪；范孙楼南侧草坪；老图门口草坪；蒙民伟楼南侧草坪等地。

鉴别要点： 小乔木；树皮、叶紫红色；萼片反卷，花粉红色，5瓣；结果为紫红色。

蔷薇科　Rosaceae　李属　紫叶李　*Prunus cerasifera* f. *atropurpurea*

中午阳光灿烂。被白头鹎的叫声吸引，来到实验室后面的草坪。这里种着不少紫叶李，由于地方偏僻，它们是不怎么受人注意的。看完这鸟才发现，原来紫叶李已经开始开花了。它总是如此文静。就连在开花这种如同人之婚姻大事的时刻，也是如此默默。

紫叶李种在屋后，几乎每天都能经过，因此得以目睹它的苏醒：从枝头出现一抹嫩红开始，到慢慢地可以看见每一个枝头瘦弱的芽（依然是粉嫩的水红），再到这芽膨大了，逐渐能够分辨出来原来是叶子和花骨朵的结合体。这会儿的紫叶李，每一个枝头都是鲜艳的紫红，于是整个树冠也就一发不可收拾地又红又紫起来。可是别高兴太早，等到所有的花都盛开了，树冠会重新装饰上粉红，这是它们娇艳的花——紫叶李的花可以开得非常多，至看不见树枝为止。繁花似锦的日子可以持续一周或者更久；花都凋零了，她就会再次换上紫颜色的妆；这一次的妆扮比较珍惜，一直可以等到秋风肃杀，霜过的叶子一片片飘零为止。

所以在夸她文静的同时，我又终于心里有点不痛快。或者她这频繁的换妆，竟也还是归于文静的吧，并不是那种张扬的耍气派。这样想着，我还是要回到她文静的一方去了。

开花的时候，静观满树的花骨朵，总是那么一小枝先探出头来，开放了，还羞答答的，仿佛是为了探探风头。只等到气温渐渐稳定了，大片开花才到来。若你只关注花——一如关注别种的花，比如山桃——那你几乎就又要感慨她的文静了。很多的紫叶李通常不结果，若是能结果的，在花才刚刚开放的时候，小小的果实已经开始孕育了。紫叶李的果也统统是紫红色，被同样是紫红色的叶子掩映着，不仔细分辨很容易就被蒙蔽了。这也是她之所以文静的由来吧。

这独爱红妆的紫叶李，该是早春里文静可也最美丽的一道风景线吧。

另：后来一位同学提出问题：紫叶李是否有不同的亚种或者变型？依据之一就是不同株的紫叶李，花萼片有的反卷，有的不反卷。之前我也发现了有的紫叶李结果，有的不结果。我翻了一下植物志，也没有说清楚这个问题。这个问题留待今后的观察中去回答吧。

[3月31日] 绦柳开花

绦柳位置：化学楼前小引河畔；二主楼南侧河边；马蹄湖沿岸；津河沿岸均有。

鉴别要点：高大乔木；先花后叶；雄花序黄色，形如试管刷。雌花序较小。

杨柳科 Salicaceae　柳属　绦柳　*Salix matsudana* f. *pendula*

　　接连两天都没有好天气，也没有看到有新的植物开花，心里不由得有点儿寂然。今天是一个没有课程的周四，一大早就准备好了行头：相机+望远镜，开始在校园里寻觅。也许是为了弥补两天没有新花可看的空缺，今天的发现接踵而来，让我有点儿目不暇接。第一个发现就是小引河两岸和马蹄湖北岸的绦柳开花了。

　　在我们周围，说起植物的名字一般会涉及它的中文名和别名，比如说你到农家院去，主人家招待你当地的著名野菜"灰灰菜"，它的中文名叫作"藜"，别名根据各地习惯，有叫灰灰菜、落藜、诺衣乐、蓬子菜等等的。这里的中文名好比我们每个人的正式名字，或者叫作"书名"，就是你身份证上面的那个称号；别名则类似我们的昵称或者外号，有的人没有外号，有的人有不止一个外号（只不过不同人群叫他的不同外号罢了）。但是，除非在教学或者科研这些学术的场合，很少有人会提到植物的学名——也就是它的拉丁名。这里面需要着重说明的一

绦柳 *Salix matsudana f. pendula* 045

点是，所谓"学名"，指的是拉丁（学）名，而不是我们通常理解的中文名。

中国的语言文字博大精深，同一种植物通常有不止一种叫法；同名异物和同物异名的现象同样常见，也同样复杂，很容易混淆。比如说"柳树"。旱柳、垂柳、绦柳……都统称柳树。你说"柳树"所指的那个柳树，不一定是我心里感应到并且浮现的那个柳树。我想，要是只以中文名认植物的话，估计冤假错案会多得多。这里面要说的就是一起冤假错案：我们把身边这种枝条下垂的柳树，一律不假思索地叫作垂柳。你说垂柳的时候，我只会理解为中文名为"垂柳（*Salix babylonica*）"的那种柳树，它们在南方较多见；在华北常见的枝条下垂的柳几乎都是绦柳（*Salix matsudana f. pendula*）。这两者除了地域分布上的不同外，在分类学上最大的差别还在于雌蕊上腺点的数目：垂柳的是1个腺点，绦柳的为2个腺点（尤其变态的是，两者的雄蕊上的腺点都是2个）。

在华北还有一些常见的柳，如馒头柳、龙爪柳等，它们和绦柳一样，都是旱柳的变种。校园里最常见的便是绦柳了。绦柳是花叶同开的植物，这一点和它的近亲毛白杨不大一样。绦柳也是雌雄异株的植物，你看看，它们的差别多大啊：雄花的花序满身鹅黄，长得很粗壮，毛茸茸的，活脱脱的一个试管刷；雌花的花序相对瘦弱很多，而且总是静静地开花，一点都不张扬——不仔细看，你甚至不会把它的开花当作开花——因为一般理解的开花，只是那些花瓣很明显的、颜色很鲜艳的情况。

和杨树一样，柳树也会飘絮；过不了两周，校园里就会飘满绦柳的絮。所谓的絮，其实是种子上的种毛（你想到蒲公英了吧？）。所以你现在明白了，只有雌性的杨树和柳树才会飘絮的；别一棒子打翻一船人，把雄树也埋怨了。

[3月31日] 香茶藨子开花

香茶藨子位置：津河北岸，西南村川味居屋后，从西南门桥东侧转出来，沿河向东约150米。

鉴别要点：灌木；萼黄色如花瓣状，花瓣不明显；果椭圆形，成熟时黑色。

虎耳草科　Saxifragaceae　茶藨子属　香茶藨子 *Ribes odoratum*

今天看到香茶藨（biāo）子开花，是感到很意外的事情——看完络柳那试管刷一般的雄花之后，转角就来到了津河边上那一片香茶藨子的所在——我记得它们去年开花的时间，是在很正常的范围（4月20日）。不由得再次感慨一下，世事无常。

　　香茶藨子来源于虎耳草科的茶藨子属。至于科长（科的指名物种）虎耳草，我算是见过其真容，感到它的名字和形体的一致性再没有表现得这么淋漓尽致的；但说到茶藨子，我同样感到了和理解斑种草一样的那种为难。有时候很迫切希望有一本论述植物中文名由来的专著，（若有的话）我保证一口气把它读完。

　　香茶藨子是它同属的花里面最受园林绿化者欢迎的。除了形体娇美以外，它得到青睐的杀手锏在于它的花朵。它的花有5个金黄色的结构，其实是它的萼片而不是我们通常理解的花瓣；真正的花瓣看起来非常不起眼，是中间竖起来的那些小片状结构，大部分是黄色的，也有红色的；若是红色的，会一律红得十分鲜艳。花蕊都乖乖地躲在花瓣的管束范围内。

　　香茶藨子，顾名思义，它的花弥散着一股淡淡的清香，人们在很远之外就能被花香吸引，我想这也是它受欢迎的原因吧。早春的校园里，除了垂枝梅以外，当数香茶藨子具有最明显的花香了。到了夏末秋初，香茶藨子会贡献出黑色的小浆果，一个一个像黑莓一样；遗憾的是，它的果实并不是为人类准备的，如果你有足够的勇气尝一下，会发觉味道实在不怎么样。我想这也是自然界公平之处：它已经奉献了花香，果实就留给其他能够享受它们的生灵去享受吧。

[3月31日] **斑种草开花**

斑种草位置：校园内草坪和荒地常见。津河和省身楼之间草地；津河和谊园之间草地；蒙民伟楼前小花园；西南联大纪念碑旧址等。

鉴别要点：一或二年生草本；叶多硬毛；花蓝紫色，5瓣，喉部有5对附属物；4个小坚果相互分离。

紫草科 Boraginaceae　斑种草属　斑种草 *Bothriospermum chinense*

津河和校园之间的绿化带，是各种植物——不管是野生的还是人工栽植的——的乐园。我不止一次夸赞过这里丰富的多样性，也不厌其烦地来这里观察。香茶藨子之外，今天开花的植物还包括斑种草和播娘蒿。她们都是香茶藨子的邻居，后者将在后面的篇章介绍。

斑种草是我认识较晚的紫草科植物；比她更早进入我的词库的，

是她的亲戚砂引草和附地菜。后两者会在其他地方介绍，包括我对她们名字的理解；但说到斑种草的名字，我却绞尽脑汁也没有想到合适的解释。如果非要附会一下，大家可以用放大镜看看她的种子，种子的表面有凹凸不平的疣体——如果这也算是"斑种"名字由来的话。

和她的紫草科表亲一样，斑种草也是低矮的身材，默默地长在地面上，经常很多株挤在一起形成一个小群落。斑种草浑身长满毛毛；别小看这些毛毛，这可是她们的防辐射套装，亮晶晶的晶体状毛可以反射紫外光，防止叶片被灼伤。

斑种草的花是她身段里最不受重视的部分，却引起我最大的兴趣。她的花很小，要用毫米才能恰当地量度；花瓣的颜色并不鲜艳，是淡淡的蓝——却是我喜欢的水晶色；最有喜感的是花瓣基部的五个附属物，我称之为"牙齿"的结构，若不仔细看很难分辨出来。相信您也很少看到这样的小装饰吧，呵呵。

植物志里介绍斑种草为"一年生草本，稀为二年生"。在我观察的范围内，发现斑种草更多地为二年生，即：在第一年的秋天开始生长，但茎不伸长而只是叶片在生长，这样一来大部分营养都用来供养叶片，所以叶片出奇地宽大肥厚；若冬季不是特别寒冷，斑种草就能够安然过冬，到春季以后茎开始伸长，新长出来的叶片变瘦小了，因为植物体要供养花蕾了。二年生的机制是适应地中海气候形成的，在中国华北地区似乎并不讨好，我就亲见了某一年严寒，大部分斑种草的叶片都在寒霜中萎蔫干枯了。看来植物与环境之间的相互斗争和适应无时无刻不在进行啊，很多有意思的现象还有待我们去发现。

播娘蒿开花

播娘蒿位置：分布于校园里的荒地、草地边缘等处；津河北岸与省身楼、谊园之间的河岸常见。

鉴别要点：一年生草本；叶3回羽裂，无明显气味；十字花黄绿色；长角果。

十字花科 Cruciferae　播娘蒿属　播娘蒿 *Descurainia sophia*

　　播娘蒿今天待我并不厚。就在我庆幸终于可以完成今天的植物开花记录文字的时候，突然看到了上午拍摄的图片里面有她的倩影；按照目前这种写法，这个季节的我注定要忙得团团转；她却用她俊俏的模样向我无声地抗议，并且提醒我：可别忘了，你不是为了写而写的啊，怎么能半途而废呢？我没有因为她的幽怨而赌气，重新抄起键盘，用我伤残的上肢继续劳作。

播娘蒿是很不"蒿子"的植物——蒿子一般指的是菊科蒿属的植物，一般都有明显的气味；但播娘蒿为十字花科播娘蒿属的植物，它很清新，揉碎了也没有什么太明显的气味。这也不能怪它，它只是名字里有一个"蒿"字而已——看来又是中文名惹的祸。

它的叶子分裂得很离散，真是无比纠结；相较之下，花就简洁得多，典型的十字花特点。整体而言，播娘蒿不是一种鹤立鸡群的花，而是沿袭了"轻轻地我走了，正如我轻轻地来……我挥一挥衣袖，不带走一片云彩"的风格。有时候我想，它花也不大，色也不艳，味也不香，形也不展，拿什么作为吸引昆虫传粉的资本呢？植物界有很多秘密的未知，我还远未入门啊。

播娘蒿的果为长角果，与同为十字花科的油菜、萝卜的果实形状相似。和油菜一样，它种子的含油量很高（可达40%），也是重要的油料植物。播娘蒿的分布非常广泛，能在各种环境中生长，"遗憾"的是它并未如油菜一样成为广泛栽植的油料植物，只是流落于荒野之中。"遗憾"之所以加引号，是因为我在犹豫该不该从人的角度来判断植物的价值。若是换做从植物的角度来看待人与植物的相互关系，会引起对人类现有的价值观多大的冲击呢？关于这个问题，有一本有趣的书叫作《植物的欲望》（Micheal Pollan著，王毅译，上海人民出版社），讲述了若是植物有知觉有情感，它们会怎样看待几千年来与人类的共生和演化。

回到播娘蒿流落荒野的话题，这未必不是好事。播娘蒿能够适应各种环境，在城市花园里也能轻易找到合适的生存空间，默默地点缀着城市的早春。从这个角度而言，它也应该算得上最可爱的植物之一吧。

[3月31日] 紫玉兰开花

紫玉兰位置：西南村居民楼下草坪；行政楼东侧草坪。

鉴别要点：大灌木。花叶同时开放；有3枚绿色花萼，花瓣外紫内白。

木兰科 Magnoliaceae 木兰属 紫玉兰 *Yulania liliiflora*

早几天看到白玉兰开花的时候，大家就在盼望它的同门兄弟——紫玉兰的开放。然而紫玉兰似乎更羞涩，或者更谦让，几乎每年都比白玉兰的花期晚几天。白玉兰开花后，大家对紫玉兰的观察更为密集了。昨天傍晚特意到行政楼东侧的草坪看了一下，发现花苞已经膨胀到极限，似乎里面的花蕊也呼之欲出了。今天早晨，晨雾还在氤氲，我就来到了紫玉兰跟前。早两天给我分享白玉兰花期信息的老者已经架好三脚架，准备拍摄紫玉兰了。真可谓"莫道君行早，更有早行人"啊。

　　紫玉兰已经开放了。

　　紫玉兰又名木笔、辛夷等。后者是玉兰的中药名，指玉兰或紫玉兰的干燥花蕾；前者因何典故而来，我没有考据，不过冬季和早春观其花蕾的外形和质感，的确有毛笔的神韵。紫玉兰是中国特有植物，自古就广受国人的喜爱。它本只分布于秦淮一线以南，后被广泛移植至各地。人们将其种在庭院之中，观其树形婀娜多姿，赏其花朵艳丽怡人，闻其花香淡雅清幽，或用其花蕾入药。

　　紫玉兰和同属的白玉兰在华北地区较为常见，校园里栽植的也适应得较好。它们花期接近，区分起来也不困难：白玉兰一般可以长成较高大的乔木，没有明显的萼片，开白色的花；紫玉兰一般仅为3米左右的灌木，有3片明显区分于花瓣的绿色花萼，花瓣外侧紫红色，内侧粉白色。前面介绍过白玉兰别称"望春花"或"应春花"，其实紫玉兰亦然。想来古人观此两种玉兰，也许并未从分类学角度过多考量。

　　如今白玉兰花开过半，紫玉兰亦始花了，还有其他几位也与它同一天开花。3月已经走到了末尾，温暖的春天是真的要来到了吧。在3月的尾巴上邂逅如此丰富的花期，让我对即将到来的4月充满了期待。

四月

［4月1日］ 白梨开花

白梨位置：蒙民伟楼前小花园；二主楼南侧草坪；行政楼东侧草坪。

鉴别要点：乔木；树皮块状皲裂明显；花白色，5瓣，雄蕊紫红色至紫黑色。

蔷薇科 Rosaceae 梨属 白梨 *Pyrus bretschneideri*

时间进入了4月。刚经历了3月末的开花高峰期，4月的开头自然也不甘示弱。今天一早照例在校园里记录物候，一开始就看到了白梨的始花。

相信我们这一代都是《驿路梨花》的课文教出来的一代；在意识还懵懂的时候，梨花盛开在山野间的清新意境就已经深深烙在了我们的脑海深处。即便不如此，梨花以其在中国民间不可取代的地位，迟早会走进人们的视野。想想摆在水果盘上的梨，你不会对这种植物陌生。然而"梨"的种类还是较多的。我们今天的主角是白梨，是一种观赏梨花。

说到了观赏这个话题，就顺便稍微展开一点点跑题两句吧。有时候我很佩服世界上的园艺工作者们：他们几乎能够把所有人的审美表现到园林植物上来，或者通过杂交，或者通过嫁接，或者通过其他更牛的手段，把人们喜欢的植物性状加以提炼、增强和再表现。我们看到很多有意思的植物表型：比如龙爪家的那些明星们——龙爪槐、龙爪枣、龙爪柳、龙爪桑、龙爪榆……比如超过7000个品种的月季，比如各种碧桃，也比如观赏白梨。很多观花植物都是不育的——所谓的华而不实。我想，开放娇艳而硕大的花耗费了它们大部分的精力，所以大自然让它免除了结果实传宗接代的任务。这样理解有点牵强，但也不无道理。

校园里白梨较多，大部分都还处于花苞阶段；但白梨盛放的场景绝对是蔚为壮观。北方春季很多花都有这种特质，就是爆发；白梨也不例外。它们像是积攒了一冬的力量，要在春日里一下子释放，花盛开的时候是那么义无反顾。没过几天，花整齐地全部阵亡了，有诱人的小梨果出现。不要高兴得太早，这些梨大部分会在很小的时候就夭折；能长大到一定程度的也多为歪瓜裂枣，表面凹凸不平不说，口感也很差，属于不入流的果品。

白梨的树干继承了大部分梨树朴实沧桑的风格，黝黑的树皮皲裂很深，让人看一眼就记住了；它们除了有春花赏心悦目，在秋季也是一种优雅的黄叶树。等到两层薄霜开始铺撒，它们的叶子染成了橙黄色，十分适合成为早晨或者傍晚摄影的主角。

[4月1日]　白碧桃开花

蔷薇科　Rosaceae　桃属　白碧桃　*Amygdalus persica* var. *persica* f. *albo-plena*

南开花事

058

　　和白梨同日开放的，还有白碧桃、紫丁香、榆叶梅、光果宽叶独行菜和盐芥等。一天之内有6种植物开花，算得上是校园里十分热闹的日子了；自然地，也是我最忙碌的日子：记录花期、拍摄照片、撰写文字。

我要把盛花的讯息分享给我的朋友们！

接下来——介绍今天开花的诸位。第一个便是开放在敬业广场的白碧桃。白碧桃又叫千瓣白桃，是桃的栽培变种，花白色，重瓣，盛开的时候雪白的花开满枝头，甚为艳丽！

前面我们已经聊过了园艺的伟力。和其他被改造的植物一样，桃也被进行了数番改造，形成了现在我们看到的各个观赏桃品种，白碧桃就是其中之一。过一阵我们还会看到单瓣白桃（*A.p.* var. *p.* f. *alba*，花白色，半重瓣）、（红）碧桃（*A. p.* var. *p.* f. *duplex*，花粉红色，重瓣）、千瓣红桃（*A. p.* var. *p.* f. *dianthiflora*，花粉红色，半重瓣）、紫叶碧桃（*A. p.* var. *p.* f. *atropurpurea*，叶紫红色，多为重瓣）……这些漂亮可爱的广义的碧桃们。这些桃花大都以其花瓣数量、花或叶的颜色来区分。

碧桃和平常我们吃的桃相比，有一些有意思的异同。相同的部分，都是桃花，都好看，就不必要说太多了。不同的部分，首先是，碧桃的花不似桃花那样只有简单的5瓣，大都是重瓣的——所谓重瓣，大多是因为雄蕊部分或全部、或雌蕊部分地退化成为花瓣的形状，花瓣多了，花朵也就显得大了；其次是，由于雄蕊或雌蕊退化了，重瓣的碧桃一般都不能结果，这点要在花都凋谢以后才能看到（可惜大部分人在花谢之后就没有耐心继续观察了）。

白碧桃、单瓣白桃、（红）碧桃、千瓣红桃、紫叶碧桃这些花，几乎一律都是纯颜色，但是叶子的颜色相对而言就有点儿变化了，如白碧桃、（红）碧桃的叶子是绿中透红，紫叶碧桃的叶子则干脆是紫色的。要是你对摄影感兴趣，可能需要花点儿心思来安排颜色的对比了。

[4月1日] 紫丁香开花

紫丁香位置：校园里草坪上常见。主要可见于西区公寓草坪；伯苓楼西侧草坪；敬业广场草坪；大中路南侧草坪；蒙民伟楼小花园；蒙民伟楼南侧草地；津河沿岸等。

鉴别要点：灌木；叶心形；花紫红色至粉红色，常4瓣；果成熟后两瓣裂。

木犀科 Oleaceae　丁香属　紫丁香 *Syringa oblata*

　　看完碧桃家族的各位，忽然闻到一股清新的花香。这花香是如此熟悉，很容易跟同时期开花的香茶藨子区分开。"紫丁香开花了！"我惊喜地喊道。可不是么，就在敬业广场的东南侧，几株紫丁香正在开放。

　　喜欢逛BBS的人，或者你来自哈工大，对紫丁香一定不陌生。*曾经

＊注：哈工大原BBS（bbs.hit.edu.cn）称"紫丁香BBS"。

到过一次哈尔滨，也在哈工大、哈工程大的校园里徜徉过，对那里的紫丁香记忆犹新。哈市的紫丁香花期比华北要晚大半个月，但是开花的势头更加把"爆发"两个字表现得淋漓尽致。

人们对紫丁香作为幸运花的传说已经耳熟能详了，因为这个传说几乎和四叶草一样出名。这里略过这个传说，我们来看看它不那么出名的方面：紫丁香原产中国华北，很早就被人们发掘到庭院绿化中。它的花颜色华丽雍容，初开时是浓郁的水晶紫，时间长了变成淡淡的紫红色，直到凋零。花很仔细收拾着自己的形体，娇小而玲珑。很多花挤在一块儿散发出淡淡的幽香，沁人心脾。丁香丁香，这么一丁点儿的香味，足以令无数人驻足。

紫丁香的花语为"光辉"。对于这一点我想不到合适的解释，也许是因为它高贵的香味和雅致的紫色。在很多地方人们把它叫作"天国之花"，可想而知对它的喜爱。很多人知道它的花瓣可以用来做切花或泡茶，却很少知道它还能吸收二氧化硫；从这方面来说，它还是一种环保植物呢。

好吧，可能刚才那个问题还是无法回避，就是关于紫丁香的传说。紫丁香的花瓣一般都是裂成4瓣的。传说若能够在紫丁香花丛中找到5瓣的丁香，就能实现一个愿望，因此人们很乐意把5瓣丁香和幸运、幸福联系起来，称为"幸运花"。我不但找到过5瓣丁香，也熟知3瓣、多于5瓣的丁香应该不难见到，但并没有一见到奇异的花瓣就许愿，更愿意把这个传说理解为人们表达对花的喜爱的一种方式。

[4月1日] **榆叶梅开花**

榆叶梅位置： 校园内草坪里常见；新学活西侧草坪；南开附中草坪；七教南侧、西侧草坪；西南村和北村等。

鉴别要点： 灌木；叶皱如榆树叶片，末端分裂；先花后叶，花粉红色，5瓣。果小，多毛。

蔷薇科 Rosaceae　桃属　榆叶梅 *Amygdalus triloba*

南开花事

校园里不乏榆叶梅的身影。从紫丁香处走来，一路都有榆叶梅开放的景象。

　　榆叶梅，以及过两天要出现的它的兄弟——栽培类型重瓣榆叶梅——是教给我关于北方春花"爆发"第一课的花。从此我对"爆发"的理解日渐加深，对榆叶梅也印象深刻。后来慢慢发现，虽然华北春花爆发的种类不少，比如山桃啊连翘啊迎春啊……但从没有哪种能够与榆叶梅一比高下。这么描述也许比较合适：当还是花苞的时候，淡红色的枝条上就已布满了紫红色的花苞；一阵春风吹过，花一下子全开喽；爆发到什么程度呢？你吃过冰糖葫芦么？就是只能看到冰糖葫芦看不到中间那根竹签儿的状况；榆叶梅盛花的时候就像红色的冰糖葫芦一样。

　　榆叶梅名字的由来比较容易理解：叶子的形状和榆树的叶子相似，都有特色分裂，叶片表面高低起伏，皱巴巴的，这是"榆叶"的原因；"梅"呢？花和粉红色的梅花比较接近。仔细追究，其实它们俩还是差别挺远的：榆叶梅是桃属的，和桃子更亲；梅花是杏属的，和杏更亲。

　　繁花来匆匆去也匆匆。一个礼拜不到，那些"冰糖葫芦"一样的花一律都萎蔫凋谢了。少有的一些榆叶梅能够结果并且长大。至于味道怎么样，等到夏天的时候找找看尝一尝吧。

光果宽叶独行菜位置：西区公寓东南角铁栅栏内荒地；三食堂与16宿之间草坪。

鉴别要点：一年生草本；叶宽大；花白色，花序大型，有香味。

十字花科　Cruciferae　独行菜属　光果宽叶独行菜　*Lepidium latifolium*

　　看完了乔木和灌木开花，再来看看今天开花的草本植物吧。距离三食堂不远的草坪里栽植着一片榆叶梅，榆叶梅植株下就有刚开放的光果宽叶独行菜。

　　看它的名字吧，"独行菜"，多么具有欺骗性。你会想到它的兄弟独行菜先生么？不要只见树木不见森林。"独行菜"的前面，还有"光果宽叶"两个定语呢！光果的意思我不是很明白，也没太想去知道；宽叶却很容易看出来，这也是它和它的兄弟独行菜很不一样的地方。光果宽叶独行菜身材高大，颜色光鲜；宽大的叶片上面有一层粉白色的附属物，乍一看还像是春天里下了一次霜。它的花很明显，白色宽大的花瓣，有点像匙荠的花，但花蕊不是那种鲜艳的黄色。光果宽叶独行菜的大型显眼的花，也是它的兄弟独行菜不具备的。

像光果家这样能在重盐碱地上自得其乐过日子的，我们称为盐生植物。所谓盐生植物，平常来讲就是能够在含盐量比较高的土壤环境里正常生长的。盐生植物又叫耐盐植物，又可以细分为三类：聚盐植物、拒盐植物以及泌盐植物。第一类有超强的聚集本领，能够吸收盐分在体内积累而不受伤害，比如我们今后会介绍的刺儿菜、乳苣；第二类则采用"关门大吉"的做法，把外界的盐分拒之门外而不进入体内造成危害，这样的植物我们今后也会介绍到，像砂引草、罗布麻、益母草；第三类则像一个大漏斗，盐分爱进来就进来吧，但是进来后马上就出去了，真是所谓"酒肉穿肠过，佛祖心中留"。除了光果宽叶独行菜外，盐芥、柽柳这些也是。

下次你有机会到光果家去拜访，注意看看它们家的"地板"。特别是春冬季节，地面上都有一层白花花的粉末，这就是盐，随着水分蒸发到地表附近；水分飞到空中，盐分留下了。那天开了个玩笑：前一阵到处闹"盐荒"，人们均唯恐没有盐借以度日，唯独我们光果宽叶独行菜家不愁没有盐，哈！

[4月1日] **盐芥开花**

盐芥位置： 西区公寓3号楼下草坪；西区公寓东南侧铁栅栏内荒地；樱花园偶见。

鉴别要点： 一年生草本；叶片上面呈灰蓝色；十字花白色；长角果直立。

十字花科 Cruciferae　盐芥属 盐芥 *Thellungiella salsuginea*

南开花事

盐芥是我认识较晚的一种盐生植物。

和前面提到的光果宽叶独行菜一样，它属于盐生植物中的佼佼者。若要讨论它们在城市花园中应用的可能性大小，我会把高分打给盐芥。

盐芥拥有的是平庸的容颜。它身材低矮，叶子不张扬，叶面上密布着一层薄薄的盐霜——和朴素的风格相符，施的也都是素雅的粉妆。见过盐芥的花，你也一定会禁不住埋怨一句：这么不出彩。的确，它的花并不大，花瓣也是干净洁白的颜色，除了在花心处有一抹米黄。它们开花在早春；开花的同时，小角果就已经开始孕育了，顽皮地从花心处伸出来。

盐芥能够吸引我为它投票是有深层原因的，首先是它超强的适应性。在类似天津这样的盐碱地上，若问能够找到哪些可以顽强生长并且在早春时节就开始勇敢地怒放鲜花的，除了盐芥、匙荠这些先锋以外，再难找到其他的了。除此之外，就是它们分布的广泛性。盐芥的分布比光果宽叶独行菜和匙荠更广，从干旱地到湿地，从田野到城市，从盐碱地到耕作地……到处都能看到它们的身影，连校园里绿化管理密度极高的草地里偶尔也能见到。不过它们似乎更喜欢盐碱化荒地，这恰好也符合它们的性格。

在早春时节严重缺乏绿色的华北盐碱平原上，以盐芥为代表的野花们，因为优秀的适应性和广布性，无疑会成为园林和园艺专家物色的目标。我赞美它们！

[4月2日]　**白蜡雄花开花**
[4月8日]　　　**雌花开花**

白蜡树位置：校内常见行道树，见于多地道路两侧。

鉴别要点：高大乔木，雌雄异株；树皮皲裂细密；奇数羽状复叶；花序大而密集；翅果。

木犀科　Oleaceae 梣属 白蜡 *Fraxinus chinensis*

　　白蜡是天津的市树，最为常见了。各大校园和主要街道都普遍种植作为行道树。在校园里生活，不需要特费周章就能观察到白蜡树开花。

　　白蜡也是雌雄异株，它们的雄花和雌花开花时间差异较大。现在开花的都是雄株，花朵很小，很多小花朵组合在一起形成大型的花序；花药是可爱的米黄色，总体来看白蜡开花还是有点儿看头的。雌株一般发芽时间晚，等到雄株的花几乎凋谢了，她们才慢慢悠悠地开花，仿佛一点都不惜春似的。

　　白蜡基本上是花叶同时开放。前一阵大家看到白蜡的枝头布满黑色

南开花事

的小疙瘩，那是它们的混合芽——花芽和叶芽的集合体——黑色的是包裹幼芽的外衣。花叶开放的时候，这层鳞片盔甲才脱落。这个过程雄株先经历，等到雄花盛开的时候，雌株也优雅地继承着这个过程。有时候您看到了觉得奇怪，说：为啥开花相差这么大呢？这不是个体的区别，而是性别的区别。

有人容易把白蜡的"蜡"字误写为"腊"。听了下面这个掌故，相信您不会再混淆了。白蜡树的得名，很大程度上是因为它是白蜡虫的最合适寄主。白蜡虫是一种特殊的昆虫，它们取食白蜡树叶，在幼虫的某个时期分泌白蜡；而白蜡是一种名贵的动物蜡，被广泛应用于化工、医药等行业。西昌等地曾经是我国历史上重要的白蜡虫饲养基地，西昌白蜡虫交易的"虫会"曾经闻名全国。知道了这一点，您应该就能记住白蜡的"蜡"是蜡烛的蜡，而不是腊月的腊了。

白蜡树能够耐盐碱、耐干旱和水涝，属于比较皮实的绿化树种，尤其对于天津这样的盐碱型城市。白蜡树形高大招展，夏季树荫浓郁；由于对霜冻敏感，到了秋季树叶往往在一夜之间全部变为橙黄，也是摄影的良好选择。除了可以作为盐碱地绿化树种、作为饲养白蜡虫的饲料以外，白蜡还是良好的木材，可以用来做家具、农具等，可谓全身是宝。

白蜡唯一的不好就是很容易招蛀干害虫的喜爱，经常被蛀得千疮百孔；还有，美国白蛾的幼虫非常喜欢它，因而白蜡总是成为它们的寄主。尽管如此，人们还是乐意选它作为天津的市树；为了帮助它更好地存活和繁衍，人们也做了很多努力，比如说定期喷涂石灰、使用生物防治方法等。也许正是因为人和树之间的这种互动，才更增加了人们对白蜡的认可吧。

[4月3日] 二月兰开花

二月兰位置：西南村居民楼间草地；西南村广场周边草坪；大中路与北村之间的草地；北村内草坪等地。

鉴别要点：一或二年生草本；花十字形，花冠宽大，紫色和浅红色；长角果线形。

十字花科　Cruciferae　诸葛菜属　二月兰　*Orychophragmus violaceus*

　　天气渐渐暖和的一个重要证据，就是二月兰开放了。早晨的阳光正好，我一边回顾着这两天开过的花，一边寻找新的花，大中路北侧草坪里的二月兰款款地迎接了我。

　　因农历二月份开花，花色呈蓝紫色，故得名二月兰。此外，二月兰还有一个名字叫作诸葛菜。传说诸葛亮率军出征时曾采其嫩梢为菜，故得名。

二月兰适应性较强，耐寒性、耐阴性均过硬，能够适应北地早春的环境，京津地区已广泛用作城市绿化花卉。这种一年生植物在早春即开始开花，花大而微带芳香；由于通常都是大片种植，可形成如紫色烟雾般的壮阔景致，广受园林人和观赏者喜爱。它们营造的大面积暖色调为早春萧条的北方城市添加了一道美艳的风景线。二月兰的花期较长，从农历的二月份一直可以开到五月份甚至更晚。在短暂的春天和漫长的春夏之交，它们注定成为摄影爱好者眼中的宠儿。

二月兰靠种子繁殖。它们产生的大量种子落在地上，次年可以萌发并完成自播繁育，形成多年连续的景观。它们的养护管理非常简单，几乎不需要特别护理即可成气候。因此，无论是从景观性、生态性，还是经济性角度来看，二月兰都是一款优良的城市绿化花卉。

我跟二月兰的故事似乎是从2008年才开始，之前没有太关注这种植物。正如悄无声息地进入城市花园，它也悄无声息地进入了我的视野。2008年春，在圆明园带自然导赏的活动照片里，有一个经典的镜头——若今后自然导赏事业在中国蓬勃发展的话，注定要成为万众瞩目的焦点——爪儿带领的一个小女孩逃离大人们的呵护，独自迈进大片的二月兰花丛中；花丛是海似的，她则犹如淹没在了花海里；她的眼睛是大而闪亮的，有两个可爱的羊角辫；身上粉红色的小衣服恰到好处地把她突出在花丛中，单反相机的反光板升起又放下，时光就此凝固。

[4月3日] **紫叶小檗开花**

紫叶小檗位置：校内常见绿篱植物，常见于绿篱中；经院方楼东南侧草坪；伯苓楼南侧草坪；化学楼前圆盘；蒙民伟楼南侧草坪等地。

鉴别要点：灌木，常修剪成围篱；嫩茎和叶紫红色；花黄色，花瓣5，花瓣和雄蕊有应激性。

小檗科 Berberidaceae　　小檗属　紫叶小檗 *Berberis thunbergii* var. *atropurpureaa*

由于实验的缘故，今天早晨的例行"巡视"没有持续太久。下午实验结束后，我想着应该到西南村居民区看一看。居民楼下多有小院和草坪——爱美的住户们喜欢种一些花啊草啊点缀门前屋后——也是我喜欢来的地方。还没到达西南村广场就已看到白碧桃、紫丁香和榆叶梅都开了，还有紫叶小檗和白菜。

　　紫叶小檗的紫红色叶子让它跻身于最受欢迎的围篱植物之一。在华北、东北地区，和它同样齐名的另外几种围篱植物是：大叶黄杨、金叶女贞、小叶黄杨、胶东卫矛等。紫叶小檗的彩色叶子让它身价倍增；若它和大叶黄杨一样也是四季常"绿"的话，那么我敢断言它会成为围篱家族当之无愧的老大。尽管如此，紫叶小檗除了在生长季用紫红的霓裳装点环境外，当秋冬来临，叶落归根，它仍能够拿出有力的证据证明自己的身价，那就是同样火红如血般鲜艳的浆果。它总是竭尽全力在全年为自己的声名买单，从来都不懈怠。

　　若你以为它就只有这么点儿法宝，那就大错特错了。紫叶小檗还有一个绝招，轻易不示人，但对于那些乐于探索和发现的眼睛，它则是丝毫不吝啬自己的表演，那就是它的应激性。在另外的场合，我记得曾经为大家展示过紫叶小檗雄蕊的应激性：用一根细小的棍棍挑一下花的雄蕊，它们会勇敢地合起来，将雌蕊和花柱保护在其中使其免受伤害。等到它们感觉危险过去，就会重新张开这把保护伞，让雌蕊出来承受甘露；若你打算再试验一下雄蕊的忠诚，那么我敢说，它们还是会毫不犹豫地舍身保护雌蕊。这是怎样一种绅士精神啊！

　　关于紫叶小檗花朵的应激性，我虽然知道些现象，但是深层次的探究始终没能进行。介绍这种现象的资料很少，我只能暂时猜测这与含羞草的应激性属于类似的范畴。希望感兴趣的人们多多研究一下咯！

白菜开花

白菜位置： 校内西南村、北村居民楼的花圃和菜园中可见。

鉴别要点： 一或二年生草本，常见蔬菜，不至于认错；基生叶大型；花金黄色；长角果。

十字花科 Cruciferae 芸薹属 白菜 *Brassica rapa* var. *glabra*

来居民区看植物的最大好处，就是同时还能看到一些蔬菜瓜果。虽然属于蔬菜瓜果，但大都是为观赏而种的，和蔬菜大棚里种的感觉不同。在西南村很容易看到各种蔬菜瓜果：萝卜、菜花、甘蓝、油菜等。

蔬菜多是十字花科的，黄豆、绿豆、芸豆、蚕豆等豆类是豆科的，黄瓜、白瓜、西瓜、南瓜等瓜类是葫芦科的，桃、李、杏、梨、柑、橘、柚、橙等多为蔷薇科和芸香科的……此外，禾本科提供了主食（稻、麦、糜、黍等），茄科和伞形科则提供了大量做菜的佐料（辣椒、西红柿、芫荽、茴香等）……能够入口的植物大都集中于几个到十来个科。这是一种很有意思的现象。

其中，十字花科提供了种类丰富的蔬菜种类，常见的除了上述几种外，还包括白菜、青菜、瓢儿菜、芥菜疙瘩等，其中白菜是南北均常见的蔬菜种类。白菜为二年生植物，秋季9、10月份播种，作为蔬菜的白菜在冬季12月即可收割。成熟白菜的叶片合抱成圆筒形，北方管它叫大白菜，南方则叫筒子菜或向阳白。蔬菜的这种南北差异其实很常见，刚才说的是同物异名；同名异物的例子也不少，比如南方的菜花（青菜*B. chinensis*的花蕾及花序轴）和北方所指的菜花（*B. oleracea* var. *botrytis*的极度缩短的花序梗、花梗和未发育花）就相去甚远。当然了，在处理白菜方面，南北的差异向来是大家津津乐道的：过去北方入冬就要开始往菜窖里储备大白菜，南方则是随时需要随时到菜地里摘取。

大白菜若没有成为冬季餐桌上的一道佳肴，就能顺利地度过严冬，来到来年的春天。一旦天气变暖，白菜就从包裹的叶片中抽出长长的花葶，绽开金黄色的花朵。白菜花是典型的十字花：4枚花瓣呈十字形排列，6枚雄蕊二短四长，形成"四强雄蕊"。花多而鲜艳，形成硕大的花序，远远就能看见。白菜花没有太明显的香气，若是大片的白菜栽植在一起，则能闻到特殊的清香。

西南村居民楼的白菜是幸福的，因为它们是名副其实的"二年生"植物，冬季没有被吃掉，能够在春天开花结果，完成自己的生命历程。祝福你们！

[4月4日] **毛樱桃开花**

毛樱桃位置：北村家属楼前小花圃中。

鉴别要点：灌木；花密集，花筒长而显著，粉红色；果成熟后红色，肉厚多汁。

蔷薇科 Rosaceae　樱属　毛樱桃 *Cerasus tomentosa*

发现北村的毛樱桃属于偶然，但也是必然吧。校园里一东一西分布着西南村和东村、北村，三处居民区的环境相似，野生植物的区系相似度也较高。不同的是住户不一样，住户的喜好不一样，栽植的植物种类就会不同。比如说北村，就有一株西番莲和一株毛樱桃，这在校园里其他地方都没有。从西南村"巡视"完之后，我会很自然地到北村走一走、看一看。

　　毛樱桃长在23号楼下的花圃里，主人应该非常珍惜这株独苗，在它的根部周围安上了木栅栏，但丝毫不影响我对它进行近距离的观察。毛樱桃的开花之势稍微可以与榆叶梅媲美。说"稍微"，单指花的数量之多（加上花梗极短），足以把枝条都包裹起来；但毛樱桃的花形稍小，单瓣，花色为淡淡的水红色，所以气势就减半了；再者在华北地区，毛樱桃开花的时候叶片已开始展开，进一步削弱了花繁盛的气势。它的花期不长，没过几天就萎蔫了，所以看着尤其弱。不过不要担心，花凋落的那一刻，披着绒毛的果实已经在生长了。

　　遗憾地是，毛樱桃的果实并不如它的同门兄弟樱桃的果实肥美而可口，而是肉少核大，略带酸涩，不适宜食用。我想这和它主人的想法不谋而合吧：种植物以修身养性，观而不食，钓胜于鱼，说起来也算是一种境界了。

　　不过对于一个旁观者来说，我还有自己的小算盘：毛樱桃的果实对人没有食用价值，却是鸟儿们的美味。毛樱桃成熟的季节，正好是白头鹎、灰椋鸟、灰喜鹊等鸟儿的繁殖期，鲜红的毛樱桃自然不会被它们错过的。

贴梗海棠位置：伯苓楼北侧和西侧草坪；西南村居民楼前草坪；六宿北侧草坪。

鉴别要点：灌木；花梗极短，花较大型，猩红色或粉红色；雄蕊极多，花柱5。

蔷薇科 Rosaceae　木瓜属 贴梗海棠 *Chaenomeles speciosa*

南开花事

南开的校园说大不大，说小不小。刚来南开的时候，觉得从校园东头走到西头似乎永远也走不完；随着熟悉程度的增加，渐渐觉得不那么宽广了。近两年来持续进行校园植物的物候记录，更是拉近了我与校园各个角落的距离。贴梗海棠就是在我与这些角落的亲近过程中发现的。它们是近几年栽植的，最早见于伯苓楼西北侧的草坪上，与紫荆和华北珍珠梅为邻。

贴梗海棠是木瓜属植物。它们的花梗非常短甚至没有，花朵紧紧贴在树干上，因此得名。明代《群芳谱》中就有贴梗海棠的大名，曰"海棠有四品，皆木本，西府海棠、垂丝海棠、木瓜海棠和贴梗海棠"。它们被广泛应用于庭院种植或盆景栽培。果实叫作皱皮木瓜，是我国特有的珍稀水果之一；果实还可入药，叫作木瓜（贴梗海棠和木瓜海棠在分类学上属于不同的种，但是在中药药用上并未严格区分，都叫作木瓜）。当然了，由于同名异物的问题，要将此"木瓜"和彼"木瓜"（番木瓜科"科长"*Carica papaya*）区分一下。

贴梗海棠最容易和它的蔷薇科兄弟区别开来的特征，当属它的成名特性"贴梗"。贴梗海棠有不同的花色，估计属于不同的品种；有的品种能够结实，有的不能；有的单瓣，有的重瓣。不管怎样，它们都有一些共同的特点，如：花梗极短，紧贴在树干上；花瓣肥厚而有蜡质，非常有质感；雄蕊数量众多，排成两轮，有5个花柱等。

我看贴梗海棠之于春天，和蜡梅之于冬天，总是有一股难以割舍的联系。后来细细一想，可能还是由于它们那种蜡质的感觉，给人很萌的印象。贴梗海棠的果实口感怎样，我一直没有机会品尝；既然这样，那就多赏花权当弥补吧。

[4月6日]　西府海棠开花

西府海棠位置：校园里常见景观树种。附中教学楼前；伯苓楼周围草坪；十五宿门前；附小门前；敬业广场；主楼小礼堂西北侧；蒙民伟楼南侧草坪；西南村和北村居民楼下草坪。

鉴别要点：小乔木；伞形总状花序，花梗长，花瓣粉红色，雄蕊约20枚，花柱5。果实成熟后红色。

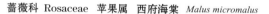

蔷薇科 Rosaceae　苹果属　西府海棠 *Malus micromalus*

　　昨天看完天冬君的微博（@天冬）"海棠一出更无春"，甚为感慨。恰好就在次日，天气预报便说"正式进入气象上的春天"，与西府海棠的花期较为吻合。其实不管"无春"还是入春，华北常见的西府海棠可谓是天气转暖（热）的重要指示。早几天就开始持续关注西府海棠逐渐膨大的花蕾，到今天早晨，是穿薄毛衣的晴天，便看到西府海棠次第开放了。

　　据百度百科，西府海棠因晋朝时生长于西府而得名。然另有说法，恭王府的海棠在京城名气很大，与玉渊潭的樱花、大觉寺的玉兰、法源

南开花事

080

寺的香雪梅齐名，而恭王府又称"西府"，因此得名"西府海棠"。

海棠花自古以来是雅俗共赏的名花，素有花中神仙、花贵妃之称，有"国艳"之誉。"明皇秋八月，太液池有千叶白莲数枝盛开，帝与贵戚宴赏焉。左右皆叹羡久之，帝指贵妃示于左右曰："争如我解语花？'"由此海棠得一雅号"解语花"。

西府海棠在晋朝时候是否生于西府，西府又系何处，我没有考证；但这个说法至少佐证了一点：西府海棠走进平常老百姓的生活已经有蛮久的时间了。《群芳谱》言：海棠有四品，除去上面说过的贴梗海棠外，尚有木瓜海棠、垂丝海棠，另外一个就是西府海棠。

西府海棠算是目前被应用得最多的观花树之一了。它们树形秀丽，花开繁盛，花团锦簇，无论孤植、列植，抑或丛植、片植，都能营造美丽的景致，其中尤以列植普遍。每当四月熏风来袭，西府海棠次第盛开。它们的花朵多簇生一处，花朵大而娇美，盛开则形成粉红色的浮云；浮云中，尚有一缕清香若隐若现，最是上乘的欣赏之物。待到季节过去，满树花瓣尽数飘落，地上落英层积如花毯。我想，西府海棠（中国特有）之于中国，犹如樱花之于日本，这句话是可以安全地说出来而不被诘问的。

西府海棠和开国总理周恩来及其夫人邓颖超还有一段佳话。周总理生前特别中意寓所中南海西花厅的海棠花。他过世后，邓颖超睹物思人，写下了《西花厅的海棠花又开了》一文，回忆她与总理相依相伴的革命生涯。

[4月7日] 紫花地丁开花

紫花地丁位置：校园内草坪中常见，常与早开堇菜分布在一起；伯苓楼南侧草坪；樱花园草坪；主楼小礼堂东侧小草坪；大中路和北村之间的草坪等。

鉴别要点：多年生草本；叶柄长于叶片；花紫红色。

董菜科 Violaceae 董菜属 紫花地丁 *Viola philippica*

前文介绍了紫花地丁的同属植物早开堇菜。紫花地丁和早开堇菜的分布范围基本重合，都是在草地中间或者边缘，在校园里较为常见。前一阵开花的是早开堇菜；早开堇菜的花期持续约半个月，大部分花已经发育成果实了，紫花地丁就开始陆陆续续地开了——若不留意，会误以为一直是早开堇菜在开花。不过也要承认，有的年份早开堇菜和紫花地丁的花期前后相差更加明显。

前文稍微介绍了一下两者的区别，大多是花期上的。若要继续深入区分两者的话，可以从以下方面来进行：

1. 紫花地丁叶片远长于叶柄；早开堇菜的叶片短圆，短于叶柄；

2. 紫花地丁叶片边缘有大波起伏；早开堇菜的叶片边缘为细小圆牙齿；

3. 紫花地丁叶片基部一般平截，很少心形凹陷；早开堇菜叶片基部多心形、凹形；

4. 紫花地丁花萼片渐尖；早开堇菜花萼片尖，两缘有白色透明边缘；

5. 紫花地丁花两侧花瓣往往无须毛；早开堇菜两侧花瓣有须毛；

6. 紫花地丁花梗细弱、修长；早开堇菜花梗相对粗壮、有棱；

7. 紫花地丁距端圆滑；早开堇菜距往往上翘。

其实这些都不是非常稳定的性状，可以在区分的时候作为参考。在无须考据的场合，大可以以同等欣赏的目光来看待它们。

紫花地丁盛开的季节，是草地上最热闹的季节：黄色的有蒲公英和中华小苦荬，蓝紫色的有米口袋和斑种草，粉红色和粉白色的有点地梅和附地菜，绿白色的有车前和夏至草……形成了名副其实的"五花草甸"，而紫花地丁无疑是"五花草甸"里最雍容华贵的。多少驻足观赏的行人，可能对蒲公英等耳熟能详，见到紫花地丁却总不禁要问一句："这是什么啊？"或者感叹道："长得真精巧！"那么，各位要是感兴趣，就仔细对照上面的鉴别特征仔细辨认一下吧。请一定记得，不要踩到这些可爱的野花哦！

重瓣棣棠花开花

重瓣棣棠花位置：西区公寓东南侧铁栅栏内；北村与马蹄湖连通渠处。

鉴别要点：灌木；枝条细长、绿色；叶缘有尖锐的重锯齿；花重瓣，金黄色。

蔷薇科 Rosaceae　棣棠花属　重瓣棣棠花 *Kerria japonica* f. plenifl

　　校园里的棣棠花要么分布在我早晨去实验室必经的公寓门口，要么分布在中午吃饭经过的路旁，对于它的花期我不太紧张。中午去天大吃饭经过北村的连通渠，看到两位小学生围着那丛棣棠花在争论：一个说是"小月季花"，一个说是"长着树枝的蒲公英"。看见我来了，就让我评论评论。我在他们这么大的时候还在乡村的田野、河溪和山林间奔跑，根本不会去问这是什么花，那是什么树；他们能够有这样的观察和猜测也算是不易了，特别对于城市里长大的孩子。于是我跟他们说：

你们说的都有道理，它与月季和蒲公英都有相似的地方；先别着急问它叫什么，我们先来找找它与月季和蒲公英的不同之处好不好？故事很简单：最后我们都重新认识了棣棠花，不过他俩比我收获大（还知道了它的名字），和我告别后还在相互争论着什么……

棣棠花的别名叫作蜂棠花，具体原因不得而知。棣棠开花时，蜜蜂还未活跃，我也不曾见过蜜蜂光临；倒是果蝇类的昆虫较多。作为蔷薇科的花，它的蜜也不算多，所以为何叫作蜂棠花，就更迷惑了。

棣棠生性偏弱，柔枝垂条的，花朵却大型而艳丽，像足了黛玉，仿佛风一刮就要折了腰似的。它们总是金花朵朵，优雅地开着。宜静则单瓣毫不张扬，宜喧则尽展所有的重瓣，把枝头挤了个满，让人看得眼花缭乱还想看，数得头晕脑胀数不清。

我不知道棣棠为何能够如此笃定地偏爱金黄色，并且从来不见一丁点儿的花心去沾染其他的颜色。它们从花骨朵开始就是清一色的金黄；花开了是金黄；开得盛了是金黄；花开败了，还是不变的金黄。作为一朵花，能够如此"从一而终"的真是少数。我虽然喜欢榆叶梅的爽快豪放，也欣赏山桃的矜持娇羞，但和棣棠的黄色控相比，它们还是显得善变——花蕾、初开、盛开、凋零……每一个阶段都妆扮一种颜色——而棣棠几乎始终面不改色。当然了，并不是说这种坚定不移就是好品质，特别对于花儿来说，没有好坏。

不过，棣棠的这种金黄的确给摄影带来了麻烦。相机的测光系统似乎对这种纯黄过敏，不是曝光不足就是过曝，尤以后者居多，总是曝成了白色，色阶一点都不明显了。若要附会一点说，难道是棣棠的这种浩然正气，令任何觊觎偷窥者都汗颜了？

碧桃位置：敬业广场南侧草坪；大中路与北村之间草坪；东方艺术大楼前草坪。

鉴别要点：灌木到小乔木；花重瓣，淡红色。

蔷薇科 Rosaceae 桃属 碧桃 *Amygdalus persica* var. *persica* f. *duplex*

时隔不到一周，碧桃也陆续开放了。白的、粉红的、红的、紫红的……各种颜色的碧桃竞相开放，敬业广场上顿时变得极其热闹。宅男宅女们也愿意从宿舍里出来，争着去春光里留下靓影。放学的小学生在花丛中穿梭玩耍，做着自己也是小蜜蜂的美梦……

在白碧桃的篇章里大概介绍了广义的碧桃的基本特征，但对于重瓣花没有说到位，干脆在这里系统地梳理一下。

一直以来，我已经知道这些重瓣的碧桃们几乎都是花而不实的，对具体原因却是不求甚解。网络上的资料乱七八糟，莫衷一是（网络通病）。大概说来最被广为认可的答案是：大部分的重瓣是雄蕊全部或部分地退化为花瓣（所谓瓣化），部分重瓣现象中雌蕊的全部或部分也退化为叶状从而变为不育。雌蕊退化，自然就没法完成受精过程了，更无从说结果；雄蕊退化，若花粉传播范围内均为同种的植物，那么即使雌蕊正常也没法完成传粉，同样也不能结果；若雄蕊和雌蕊同时退化，不能结果几乎是肯定的了。

其实我见过碧桃也结果的，只不过果实在很小的时候就枯萎夭折了。问题又出来了：到底只是子房膨大了而没有受精因此没法长大，还是其实已经受精了，但是由于其他原因（如性状缺陷）没法长大？这个问题超出了重瓣的范畴，提出来放在这里，供各位自己去探究吧。

在重瓣和不育之外，关于碧桃还有更多的问题，比如：我曾亲自检查了一些紫碧桃的花，发现有不少花不但雌蕊没有退化或消失，反而有不止一个花柱！我比较纳闷：桃属植物不是只有一个花柱么？怎么这里多出来一两个？多出来以后，能否正常授粉呢？

问题一出来，又开始好奇心泛滥了……

[4月7日] **桃花开花**

桃花位置： 西南村居民楼前草坪；北村与马蹄湖之间草坪；北村内居民楼前草坪。

鉴别要点： 乔木；幼叶对折；花芽生叶芽两侧；花单生，粉红色；结果即为桃。

蔷薇科 Rosaceae 桃属 桃花 *Amygdalus persica* var. *persica*

和奔放绚烂的碧桃相比，桃花在校园里的出现频率不那么高。尽管如此，西南村和北村居民楼下还是能看到高大的桃树。"酒香不怕巷子深"，见多了碧桃的大家闺秀，还是希望能够见到桃花的小家碧玉的；对于兴趣小组里的大部分人来说，他们也想见识一下吃的桃树本尊到底是何种样貌。

这里说的桃花，指的是最原初的桃花。"最原初"其实也不是一个严格地道的词。这里说的桃花，实际指的是桃树，或者说，指的是果桃。桃树在我国有悠久的栽培历史，原产中部和西北部，后来逐渐传播到亚洲周边地区，并由波斯传入欧洲，后来成为广泛种植的果树。前面提到"最原初"的意思，是因为我妄自揣测，在最开始的时候人们是把桃树当作果桃来种的，种桃树是为了品尝果实；并不似现在这样，从吃的享受上升到了欣赏的角度，因而有很多观花的桃树品种。从果桃到花桃，桃的功能变化也许并不那么显著，却反映了人们需求的极大转变，而这种转变又带来了对桃的深远影响。

果桃的品种也极多，每一品种各尽其是，尽展妖娆；桃花本身则一如地淡定，以不变应万变。它们的花依然落落大方地开放，花朵大而开展，没有山桃的那种琵琶半遮面的欲笑还羞，也没有碧桃的花枝招展、极尽妖冶能事。看桃花，和看山桃、碧桃，以至广义的桃花相比，那种感觉是特别的。说不出来特别在哪里，可就是能觉出不同。也许，那种不同就在于看到桃花时的那种踏实、稳重、端庄和恬静吧。

广义的桃花大都红颜薄命，花期长不过半月，短则仅一周。落红凋残之后，山桃继续羞答答地孕育那不成气候的小毛桃，心中充满对未来的忐忑不安；碧桃很知趣地赶紧张叶，不再考虑结果的事情；唯独桃花，从容地继续着传宗接代之旅，除了贡献美味甜美的桃果之外，还忠实地继承了桃树的基因并且把它传递下去。

[4月8日] 地黄开花

地黄位置：多分布于草地边缘、墙脚、荒地。新图书馆南侧草坪；东方艺术大楼南侧墙脚；蒙楼小花园雪松树下。

鉴别要点：多年生草本，全体密被长柔毛和腺毛；叶褶皱，花唇形，外面紫红色，内面黄紫色。

玄参科 Scrophulariaceae 地黄属 地黄 *Rehmannia glutinosa*

记得有一期校园节目在介绍校园植物掌故时，主持人说到了地黄，不无担忧而煽情地说，这是校园里仅剩的一丛地黄了。我有一半同意，却还是要强烈地反对。若没有人工刨根和刈除，地黄是不会轻易放弃它的坚强的，至少在校园里的很多地方还有地黄的立足之地。这也从另一方面说明，细致地观察然后再下结论是多么重要。恰逢新图书馆附近的地黄开花之际，若有机会，我愿意带着主持人重新踏访地黄的所在。

地黄因其地下块根为黄白色而得名，根部为传统中药之一，因炮制工序不同又可分为生地（地黄的新鲜或干燥块根）和熟地（生地经黄酒等辅料浸泡蒸晒至内外色黑油润），各有功效和主治症候。熟地黄与山茱萸、牡丹皮、山药、茯苓、泽泻共同炮制，可制成著名的六味地黄丸，能够滋阴补肾，治疗头晕耳鸣等。

喜欢地黄更多地还是因为它的观赏特性。地黄花一般在初夏盛开，花大数朵，自下而上开花；花紫红色如绛唇初点，热烈而火辣；远看则如同年代久远的留声机喇叭，古色古香。地黄的浑身都密布绒毛，这多少与它的雍容衣着有点不搭，但丝毫没有影响它的美丽程度。

地黄喜欢疏松、深厚而肥沃的向阳地段，然而这只是一般说法。除了优厚的生活条件以外，它也能适应贫瘠狭小的空间，我每每为它的这种不讲求享受而感慨万分。每年春夏之交，总能在东艺的墙脚看到地黄，从水泥地面上狭窄的裂缝中坚强地钻出来，一如既往地盛开热烈的红唇；叶片不禁显得略微娇弱枯槁，但花绝对是不亏欠的饱满丰盈。等到花谢了，照样会孕育出结实硕大的果实，像一个绿色的小球上面长了一根天线。

我始终认为，野花如地黄者，理应在城市花园中得到一席之地。大自然之所以吸引人是因为它丰富的多样性；对于城市生态系统而言，地黄等野花无疑是增加物种多样性的强大力量。不敢想象，主持人关于"最后的地黄"的论断若有一天成为现实……

[4月8日] **抱茎小苦荬开花**

抱茎小苦荬位置： 校内草坪边缘、荒地上常见。津河沿岸、樱花园、谊园南侧草坪等地均可见到。

鉴别要点： 多年生草本；叶抱茎；头状花序排成伞房花序，花金黄色。

菊科 Compositae　小苦荬属

抱茎小苦荬　*Ixeridium sonchifolium*

[示叶片抱茎]

　　当我念叨抱茎小苦荬的时候，头脑里总会自然而然地为她加上小家碧玉的"蒙版"*，仿佛她的名字本身就是一个功能切换键，让人不禁用娇小清纯的视角来看她。很幸运，在地黄分布的新图书馆周围草地上就有很多抱茎小苦荬在盛开。

　　抱茎小苦荬是苦菜系列里和中华小苦荬最接近的一个。人们在做植物教学帖的时候总会把它们两个拿来比较，津津乐道它们的区别与联系。就我而言，我并未觉得它们俩的形貌有多么相似和易混。不得不说，两种小苦荬的花非常接近：都是金黄色的头状花序；但作为非科班

南开花事

092

* 注：蒙版即为Mask，是图像处理中的一种功能，指对目标图层加以指定方式的遮挡。

的我而言，看植物不仅仅看繁殖器官，更多还是看整体——这和看人是一个道理，你不能光盯着他/她的眉毛来判定是张三、李四还是王麻五。反过来说，若你和一个人格外熟悉了，了然他/她的音容笑貌和言谈举止特征，远远地看见背影就能叫出他/她的名字，何必还要仔细检查周身每一个细节来确定他/她就是他/她。按这个理论出发，抱茎小苦荬的身材高挑修长，枝茎直立挺拔；中华小苦荬则枝茎斜逸旁出，个子虽矮小却也窈窕招展，因此可以凭整体观感来区分两者。

回归正题，抱茎小苦荬有一个抱茎的叶子作为自身特征而突出于苦菜家族。所谓抱茎，就是叶柄非常短甚至阙如，叶片的基部扩大延伸把茎干包围起来——犹如给茎干围了一个餐巾。要是从"植物人际关系学"的角度来看，抱茎小苦荬应该是最温馨的家庭之一了，它们会细心地为每一株植株围上餐巾。

说最温馨的"之一"，是因为我从抱茎小苦荬身上联想到另外一种植物——穿心草。这是一种龙胆科的植物。我很小就见过并且认识（尽管不知道它的名字），还曾经把其中的一些从岩石上移栽到家里的花盆，结果一株也没有成活。穿心草相较于抱茎小苦荬是更加彻底的抱茎，以至于成了"呈圆形的贯穿叶"，也就是说，对生的两片叶子合并成为一个整体，犹如一片荷花叶子；穿心草的茎从叶子的中间穿过去。假如说抱茎小苦荬的抱茎仅仅是加了一条餐巾的话，那么穿心草就是围上了一个完整的围脖。

作为苦菜家族的一员，抱茎小苦荬并不是那么著名，我觉得原因之一是她的纤细瘦弱。没有人愿意舍弃敦实肥壮的蒲公英，而花大气力去淘这无甚可食的抱茎小苦荬。也正是因为这个，她才得以虎口余生，为我们献上灿烂的金黄色小花吧。

[4月9日] **泡桐开花**

泡桐位置：有机合成楼南侧（樱园附近）。

鉴别要点：高大乔木；叶大型，心形；先花后叶，花粉紫色而又紫色斑点；蒴果卵圆形似大型橄榄。

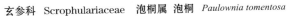

玄参科 Scrophulariaceae　泡桐属 泡桐 *Paulownia tomentosa*

　　玉兰花开的时候，我就注意到合成楼南侧的泡桐花蕾在一天天胀大。泡桐和玉兰一样，也是典型的先花后叶。它们在前一年的秋季开始孕育花芽，用厚厚的盔甲包裹和保护花骨朵，来年春天即会开放。

　　今天再次来到泡桐树下，看到了它绽开如紫色烟云般的花序。泡桐花算是大型花，呈上下唇形，因花瓣的内侧有深紫色的斑点而显得更加靓丽。它有淡淡的气味，犹如生长剂的特殊气味。花期并不长，不几天纷纷凋落，之后长出如橄榄或者蜜枣一样的梭形果实。

　　中国人讲"桐"的时候不是那么严格，从分类学角度来看往往会有三种理解，分别是梧桐、泡桐、悬铃木。

前者指的是梧桐科的青桐一类，我国神话传说中，青桐（也就是梧桐）是凤凰栖息的所在。《诗经·大雅·卷阿》里说："凤凰鸣矣，于彼高岗。梧桐生矣，于彼朝阳"，李煜《相见欢》句"无言独上西楼，月如钩。寂寞梧桐深院锁清秋"，以及李清照《声声慢》"梧桐更兼细雨，到黄昏，点点滴滴，这次第，怎一个愁字了得"中说的"梧桐"，都是说的这个梧桐。第三个则是悬铃木科悬铃木属的各种悬铃木，比如我们耳熟能详的法国梧桐、美国梧桐、英国梧桐等。悬铃木原产欧洲、印度、小亚细亚等地，晋代开始传入我国，但直到近代才大量引进并且得到应用；由于法国人将悬铃木广泛种植于上海的法租界内，故得名法国梧桐（简称"法桐"），其实既非法国原产也不是梧桐。这成为植物名称"中文化"过程中一个很大的冤假错案。第二个指的则是玄参科泡桐属的植物，如本文的主角——泡桐。根据地域分布和栽培育种的差异，泡桐属包含不同的种类，如毛泡桐、兰考泡桐等。

应该说，只有泡桐和青桐才是中国原产的树种。由于三者的中文叫法中都有"桐"字，经常造成混淆，比如人们就经常将"凤凰栖梧桐"的典故附会到悬铃木身上。

泡桐适应能力较强，喜光，生长快速。似乎是为了平衡这种不平衡，老天让它的木材变得比重很小。泡桐的材质纹理通直，轻软均匀，容易加工，是木工制作的良好材料；又因为声学特性优秀，共振效果好，很多乐器都选用它做基材。在作为木材的用途方面，青桐和泡桐几乎有重合的应用场合。这只是一个巧合，还是名字里都有"桐"字带来的命运？

[4月9日] 紫荆开花

紫荆位置：伯苓楼西侧与北侧草坪；七教西侧与北侧草坪；西南村居民楼下草坪；三教（物理学院）西侧草坪等地。

鉴别要点：灌木；先花后叶，"老干生花"，花密集，紫红色；荚果形似小型扁豆。

豆科 Leguminosae 紫荆属 紫荆 *Cercis chinensis*

　　早春时节，紫荆开始孕育骨朵。奇怪的是它们的骨朵都是长在往年的老枝条上，直接从粗壮的树干生长出来，有点儿突兀。紫荆的这个特点就是所谓的"老树开花"。它有一个别称叫作"满条红"，很形象地描述了它把整个花枝开满玫瑰色小花的情景。早晨经过伯苓楼的时候，我看到的就是满眼"满条红"的景象。

　　要介绍紫荆，首先需要聊聊蝶形花冠。蝶形花冠其实是一个比喻，形容花冠的形状类似蝴蝶。豆科大部分花朵都是广义的蝶形花冠，根据蝶形花的旗瓣的位置不同而细分为云实亚科（又称为苏木亚科，花冠为假蝶形花冠，旗瓣在最内侧）和蝶形花亚科（旗瓣在最外侧）。云实亚科有两种叫作"紫荆"的植物，关于这个话题已经在不同的场合说到过多次了：此紫荆（*Cercis chinensis*）非彼紫荆（洋紫荆，*Bauhinia variegata*）。

很多人都知道香港区旗上面的图案为紫荆。这里的"紫荆"指的是羊蹄甲属的洋紫荆。洋紫荆为大型灌木至乔木，枝繁叶茂，叶子宽阔，呈"屁股蛋"形状，花也大而艳丽。洋紫荆一般生长在南方。我们在校园里看到的紫荆则是紫荆属的紫荆，这是一种灌木，枝条纤细修长，叶子的形状为标准的心形，花精致小巧。紫荆南北分布较广，尤以北方居多。如此说来，两者仅仅是中文名里面有相同的字眼，实际上差别还是比较大的。

在中国古代，紫荆往往被人们用来比拟亲情，象征兄弟和睦、家庭兴旺。传说南朝时，京兆尹田真与兄弟田庆、田广三人分家。所有财产都已分置妥当，最后发现院子里还有一株枝叶扶疏、花团锦簇的紫荆不好处理。当晚，兄弟三人商量将这株紫荆树截为三段，每人分一段。第二天清早，兄弟三人前去砍树时发现紫荆树枝叶已全部枯萎，花朵也全部凋落。田真见此状不禁对两个兄弟感叹道："人不如木也"。后来，兄弟三人又把家合起来，并和睦相处。那株紫荆树好像颇通人性，也随之恢复了生机，长得花繁叶茂。当然了，这里的紫荆系何种，已很难考证了。

单瓣黄刺玫开花

单瓣黄刺玫位置：数学院门口两侧草坪；大中路与北村之间的草坪。

鉴别要点：灌木；茎带粗显的皮刺；奇数羽状复叶；花黄色，5瓣，芳香。

蔷薇科 Rosaceae　蔷薇属　单瓣黄刺玫　*Rosa xanthina*

这是我没有想到开得如此早的花。前天在伯苓楼看紫荆时，黄刺玫的花骨朵还是很娇小的样子，今天再来看时就已经是繁花满枝头。在繁花下面能看到更多的花蕾在努力地积攒能量。花开花谢，前仆后继，似乎无穷无尽的势头，这就是黄刺玫！

　　黄刺玫在蔷薇科里面，算是和玫瑰关系比较近的种类；也难怪它的名字里有一个"玫"字。在这些中文名里面，"黄刺玫"是比较名副其实的一个。黄——花的颜色是纯纯的金黄色；刺——它的全身长满了皮刺，像个武装齐全的植物界刺猬；玫——前面说过了，和玫瑰形似且神似。它的叶是和玫瑰类似的布满刺的羽状复叶，花有玫瑰花朵的娇弱和芳香，连果也有玫瑰果那样的刺头。

　　在所有的花里面，黄刺玫的香味是能够给我安详感觉的前几名之一。如果非要说为什么，也许就源于从小在那股蔷薇花香中长大，早已习惯了在淡淡的花香中沉沉入睡。蔷薇的香味，和黄刺玫、玫瑰一样，都是那种淡雅不腻的香甜，有醒脑的功效。玫瑰花油是名贵的香水原料，我想，在香水的馥郁芬芳中，应该也有黄刺玫的一份功劳吧。

　　让我们来回顾一下今春以来开的花：至今为止像黄刺玫这样"提早出线"的已不在少数了。我想，也许花儿们并不是那么刻板和墨守成规，只是听从季节的呼唤；季节到了，该发芽就发芽，该开花就开花，该凋落就凋落，该结果就结果。那老黄历，只是给那些不懂得应时而发的蠢子准备的。另外我也不禁感慨，植物真是率性的东西；积温攒够了该开放了，即使遇上倒春寒，也勇于慷慨赴死，没有半点扭扭捏捏。

[4月11日] 枫杨开花

胡桃科 Juglandaceae 枫杨属 枫杨 *Pterocarya stenoptera*

　　从南开东门进来，东村与北村相对，却比北村更精巧和神秘。东村只有十来户平房，却藏着年龄高达六十余年的悬铃木和高达四十余年的白蜡，一株杜仲安静地站在东村的一隅——这是南开园里唯一的杜仲；一丛海州常山盘踞在另一隅——这是南开园里唯一的海州常山……正因为这样，东村也是我最喜欢光顾的地方。从实验室出来，转角就拐进了这个幽静的所在。抬头一看，枫杨已经开出了黄绿色的花。

　　枫杨的名字来源不知道是否和枫树及杨树有关；单从形态来看，看不出来有什么相似之处：枫杨是羽状复叶，这和枫树、杨树都不沾边。非要牵强一点说，就是这三者都是高大的乔木，树荫浓密，树影婆娑；还有一点，枫杨的花序下垂，和杨树类似；而果实为翅果，和枫树类似。假如这就是原因的话，我觉得古人取名的手法也太博大精深并且抽象了。

枫杨还有两个别称，分别是苍蝇树和元宝树，都与它果实的形状有关。枫杨的果实为翅果，果实的两侧各有一个翼状附属物。单个来看，每一个果实的确和苍蝇形似，难怪叫苍蝇树；当然了，说像苍蝇不免倒某些人的胃口，所以找了个好听的比喻，叫作金元宝，于是就有了元宝树的美称。

　　它们果实上的翼状附属物其实有非常重要的意义。枫杨的种子体态敦厚肥硕。若没有翅膀的话，成熟之后铁定一屁股从树上摔下来，啪嗒掉地上了，蹦跶不出几米远。但有了翅膀就不一样了；中空的翅膀减小了果实的比重，又增加了受力面积，风吹来的时候，种子就能够随风飘散了——免得子孙后代总是固步自封，走不出老祖宗的那丁点儿地盘。除了枫杨外，很多植物种子都依靠这种策略来传播种子、繁衍后代。枫树（槭树）类也属于这个策略的忠实粉丝团。

　　其实很小的时候就认识枫杨，只不过那时候不知道它有这么动听的名字。枫树当然是我喜欢的，不仅仅因为关于它的那些优美诗篇；杨树我那时虽然未曾见过，但光凭一篇《白杨礼赞》就足够奠定它在我心中的地位了。两者名字的合体，自然很容易赢得我的芳心了。很奇怪，那时候不知道它叫枫杨，也照样喜欢得不得了。从小就喜欢爬上村头那棵高大的枫杨树上乘凉，顺手捋下一把枫杨的果实，一粒一粒地随意挥洒，看它们螺旋状地飘落而下，像一个个螺旋桨；运气好的时候，借助空气的浮力，它们能够在空中飘很长时间……日子就在这飘中，如丝般流淌……

　　我想所有那些喜爱，都不会是没有缘故的吧。对枫杨的喜爱，是因为它在童年时代扮演了如此重要的角色么？

红花锦鸡儿开花

红花锦鸡儿位置：仅有一棵，蒙民伟楼小花园。

鉴别要点：丛生灌木；叶假掌状，小叶4片；萼筒紫红色，花冠黄色，中心紫红色。

豆科 Leguminosae　锦鸡儿属　红花锦鸡儿　*Caragana rosea*

红花锦鸡儿在校园里算是独"树"一帜，因为只有一棵，种在幼儿园边上的小花园，从蒙民伟楼实验室一出门就是。我几乎每年都会把这株独苗锦鸡儿当作时间标志：它开了，别的什么也该开了，或者某个日子该到了……中午看到红花锦鸡儿开花了，顿时一阵肆无忌惮的感慨：

什么"时间如流水"，时间它不是"如"流水，它就是流水！4月开始还不到两周，开花的植物名录已经可以列一长串了。

写到这里，需要历数一下南开园里的独苗儿们了。校园里的独苗儿，数起来大概有这么一些：高大的乔木有杜仲、杜梨、加拿大杨、鹅掌楸、楝树、盐肤木、榉树和垂枝榆，比乔木低矮的灌木有红花锦鸡儿、水蜡、金叶莸、孩儿拳头、花椒、臭牡丹、夹竹桃和蓖麻，以及藤本和攀缘植物中华猕猴桃、西番莲、风船葛、何首乌和白蔹……共21种！刚开始很奇怪这些东西是怎么来的，为什么都是绝无仅有的一棵……后来亲见了居民区的小庭院里是如何地凭空增加了一个物种：要么是校方绿化部门引进的实验品，要么是某个家属出于爱好或好奇随手带回来种上的。正是由于这些有意无意的引种，使它们成为校园里鹤立鸡群的独苗。

红花锦鸡儿是锦鸡儿属里面较为常见和园林绿化中常用的种。锦鸡儿类是丛生灌木，枝条细长柔软，有刺。它们的花是典型的蝶形花，瓣端稍尖，边分两瓣，势如飞雀，且色金黄，故又得名"金雀儿"。我迷恋它除了因为它是校园里的唯一，还因为它的名字，如此精巧可爱的名字！锦鸡儿开花的时候，有同样迷恋它的白头鹎飞过来，静寂的角落立即就热闹起来。不过白头鹎可不像我这样饶有兴致地欣赏花朵和拍摄图片，它们是带着饥肠辘辘来的，一落到枝头就毫不客气地大快朵颐：它们喜欢吃那种刚开放或者含苞待放的，一口一朵，一口一朵。我在旁边超级羡慕它们，要是我也能吃几口该多幸福啊！

好吧，我承认我又邪恶了。

日本晚樱开花

日本晚樱位置：生科院东侧（与小引河之间）草坪；南门中日友好樱花园；日本研究院门前。

鉴别要点：小乔木；叶柄有两个腺点，叶缘有重锯齿；花重瓣，粉红色，常有香气。

蔷薇科 Rosaceae 樱属 日本晚樱 *Cerasus serrulata* var. *lannesiana*

樱花开花繁盛、炽烈，表现出热烈、高尚和纯洁的氛围；不知从何时起，樱花还被赋予美丽、漂亮和浪漫的象征意义。南开大学南门内的中日友好樱花园有一片日本晚樱，这是周边四乡八里的摄友们都知道的事情。和马蹄湖的荷花一样，由于区域内数量相对较少和寓意相对特别，日本晚樱吸引的不限于摄影爱好者，还有更多的普通市民，从前来观花人数的多少就可以大致知道植物的花期。到了今天上午，樱花园的人渐渐地变得熙熙攘攘了，我想，该去看樱花了……

　　樱花的足迹已遍布全世界，唯独在一个国度她有着不可替代的地位，这就是日本。在日本，樱花与菊花一并被尊为国花。樱花被尊为日本国花，是因为樱花的精神以及日本人的武士道精神，两者共同演绎成为日本人的樱花情结。樱花的花期很短，一般只有几天；据说樱花选择在自己生命中最辉煌的时候凋落，这就是樱花精神，因此得名"死亡之花"。相传以前的樱花都是白色的。当一名英勇的武士认为自己达到了人生的最高境界时，就会选择在心爱的樱花树下剖腹结束自己的生命，所以樱花树下血流成河，把白色的樱花染成了红色。樱花树下的花瓣越红，说明树下的亡魂越多……好吧，据说直到现在，很多日本人还会在樱花凋零的时候选择有樱花的河边投水自杀，飘零的樱花花瓣撒在水面上，那是对他们最好的送行……

　　也许别国的人无法理解日本式的樱花之恋，但不管怎么样，还是尊重他们的习惯吧。心里不忍的是，樱花如此娇艳的容颜，却被做了送葬的纸钱，实在有点儿浪费。

　　我们暂且继续赏樱花。樱花一般都是花先于叶开，或者花叶同时。花开之前，樱花朱红唇彩如烈焰，一枚金黄的雌蕊骄傲地从红唇中伸出，像极了调皮的少女。像樱花这样的"吐舌头花"还有榆叶梅、碧桃等，很难想象是何种因素造就了这一谐趣。等到花开了，樱花的叶子也展开了。她们叶子边缘有复杂的重锯齿，一丝一缕的分裂煞是飘逸。叶柄上一左一右相互并排有两个朱红的美人痣，这是樱花区别于其他种类的标志。关于樱花叶柄上腺点的来历以及用途，同样也是一个谜。不管怎么样，这让我们能够更好地认识她们，也是一个好处。

[4月12日] 打碗花开花

打碗花位置：校内草坪和荒地常见。西区水房南侧土坡；附中操场周边；老图东侧山坡等地。

鉴别要点：一年生攀缘草本；苞片大型，靠近萼片；花钟形，柱头2裂，裂片扁平。

旋花科 Convolvulaceae 打碗花属 打碗花 *Calystegia hederacea*

[示苞片]

　　早晨从南开附中操场穿过，遇到一对情侣手牵着手散步。女孩指着路边刚开的一种喇叭形花说："哎，你看，牵牛花！"情侣拉着手走过去了，和什么都没有发生过一样。我没好意思告诉他们那是打碗花；若他们是上次碰到的那两位看棠棠花的小学生，那么我肯定还乐意跟他们玩"找不同"的游戏。

　　如打碗花者，最容易被人们叫出的名字当属喇叭花、牵牛花之类了，这显示了人们对于这一类花较为朴素的认识和描述。叫喇叭花，自然是因为它们喇叭形的花朵；而牵牛恰好又是这一类花中较被人们熟知的，便义不容辞地成为了它们的代表。对于桃花、梨花等这一类蔷薇科的花朵，人们不也都是这么处理的么？

　　打碗花是旋花科里非典型的藤本植物；说它不典型，是因为它们没有牵牛花那样修长娇柔的身段，也很少借助高枝来显摆自己的花朵。也因为这样，它和田旋花沦为近地面的一伙，也造成了人类对它们的认知障碍。经典的植物识别教学帖总会拿打碗花和田旋花作为旋花属和打碗花属的区别案例，即：苞片的位置——以打碗花为代表的打碗花属，苞片形状显著大型，紧贴着花朵；而以田旋花为代表的旋花属，苞片小型，远离花朵，在花柄的远端。虽然规则划清了，终归还是容易正好把张三和李四颠倒了。对此我是这样记忆的：打碗花嘛，两个苞片可以比拟为原本完整的碗，打破了就犹如一分为二，像现在这样散落在花朵下面。

　　打碗花的传说，据说都和吓唬小孩子有关，比如这花不能采，采了以后吃饭会打破饭碗等……可见中国的父母们是多么用心良苦。我不确定父母们是否的确知道打碗花的根茎有毒，但也许对于父母允许的维度来说，不至于非需要这些野花野草有毒才不让小孩子们去碰；就算哪怕是稍微有点脏的、不卫生的、乱的……东西，都会不遗余力地保护心肝宝贝儿们避而远之，伎俩之一就是用各种可怕的故事哄骗小孩子们。所以我们从小就知道蛇莓不能吃，因为蛇用嘴巴含过，有蛇的口水，人吃了会变成大青蛇；其实蛇莓是多么美味的野果啊，只不过长在地面容易沾染尘土罢了。我们也许还被吓唬过，蛇是多么多么可怕，毛毛虫又是多么多么令人闻风丧胆；其实大多数蛇都是无毒而且很可爱的，大部分的毛毛虫都是可以放在手心里玩耍的……父母们的这种"恐吓教育"模式，也许真的跟咱们根深蒂固的观念有关吧。反正从孩子抓起，打小把他们教育得懂得畏惧，也许就算是成功的教育了……

　　话题有点儿扯远。反观打碗花，若它的根茎的确毒性明显，那还是小心接触为妙。对于观花赏自然的我辈来说，则自动免于这样的恐慌，因为我们提倡与花草树木、鸟兽虫鱼和谐共享自然界的美丽阳光而不会去冒犯之。

核桃位置：西区公寓草坪；西南村居民楼下草坪；六教西侧草坪；东村院内空地。

鉴别要点：乔木；奇数羽状复叶；雌雄同株，雄花成柔荑花序，花多；雌花呈穗状花序，花少。

胡桃科 Juglandaceae　胡桃属　核桃 *Juglans regia*

　　西区公寓宿舍的窗外有两棵高大的核桃树。初春刚开始展叶时，嫩绿的叶片可以伸到窗户边上来。核桃的雄花是较原始的花，严格说是下垂的柔荑（róu tí）花序，比较容易看到。柔荑两个字，在古汉语里面多用来比喻女子柔嫩而洁白的手；大概因为女子的手是柔软并且舒展飘逸的，也因此可以用来比喻核桃柔软下垂的花序。核桃的雌花躲在叶芽的基部，不仔细看很容易错过。去年我就错过了核桃的雌花，等我终于发现了，核桃已经长成拇指大小了。今年我格外注意，直到今天，可以看到雄花的花粉都开放了，红色的毛茸茸的雌蕊也展开了。

核桃是校园里的栽培果树。其实对于公共绿地特别是道路绿化来说，应用果树并非明智的选择。一则果实掉落地上产生垃圾、影响交通；二则国人贪图小便宜的不在少数，果实成熟时候争相采摘，不但安全隐患增加，同样也影响交通。但核桃还是和银杏、山楂、梨、桃、海棠、枣、榆钱等一样，安然地长在了南开校园里，并且照例每到果实成熟季节就经受人们的蹂躏（当然了，学生偷采摘果实的是极少数）。

所以我们有机会看到它的开花。

对于一身是宝的核桃来说，花不为显贵、树不为显贵，果实才是最显贵的。核桃果和扁桃、腰果、榛子并称世界"四大干果"，在中国被誉为"万岁子""长寿果"，这不是一般的荣誉。核桃仁味美且营养价值较高，核桃含的磷脂和不饱和脂肪酸都是保健的上品，此外含有的丰富微量元素更是人体不可缺少的生长原料，难怪它如此受青睐！若单单是作为食物就让核桃享受如此高的地位，也太小瞧国人的眼光了。是的，核桃除了适于食用，还是人们喜欢把玩的玩意儿之一。不少人精心挑选体型匀称、纹理明晰的核桃作为保健球在股掌间玩耍；玩耍的年代愈久远则表面愈光滑，也就越有收藏的价值。此外，核桃还是很多工艺品的原材料。说核桃一身是宝，的确不为过。

[4月13日] **杜梨开花**

杜梨位置：校园内仅有一株，位于大中路北侧，与校钟相对。

鉴别要点：乔木；枝常具刺；幼叶密被白色绒毛；花小型，白色，5瓣；果实小，近球形，褐色。

蔷薇科 Rosaceae 梨属 杜梨 *Pyrus betulifolia*

南开花事

110

前文提到了校园里的独苗。在21种独苗里，杜梨拥有特殊的身份：其一，它是比较典型的乡土物种，其他植物大都是引进的外来物种；其二，经过这几年的宣传和普及，杜梨已经广为人知。它位于大中路上，与校钟正对着。我们在树干上挂了铭牌，人们很容易看到它的名字和简单介绍。如今它已是小有名气了，到了开花的日子花讯便会口口相传，不多时大家都知道了。

介绍杜梨之前，先说点闲话，关于"杜"字。《小尔雅·广诂》里解释，"杜"者，塞也。后来又有很多词语和用法，如"杜绝""杜口裹足""杜门"等，其中的"杜"字均作"阻止、堵上"解。难怪"杜"和"堵"同音了。

那么杜梨的名字是怎么来的呢？一个解释认为，先民们采用杜梨作为柴门或者栅栏堵在通道或者门口，由于杜梨树枝上满布粗壮的刺，这样野兽就不能进来骚扰。人们发现这种树能够起到"堵"野兽的作用，又因为它结梨果，所以就叫它杜梨，"杜"取"堵"的意思。这个解释有点儿牵强，却生动描述了杜梨具有枝刺的特点。它的这个特点是它与梨树显著不同的一点。我们今天看到的杜梨，花比梨花要小，结果也远小于梨，味道很不怎么样，又苦又涩。但是它也有自己的长处，比如能够适应各种恶劣的环境，在重盐碱地中也能非常健康地生长；具有很好的抗性，不招害虫的喜欢。由于这种种优点，人们选择它作为嫁接果梨的砧木，有很大的应用场合。

杜梨生长在恶劣的环境下，造就了它钢筋铁骨一般的身躯；它生长慢，木材坚硬耐水蚀和火烧，是良好的硬木木材。另外，人们欣赏它早春时节满树繁花白色如雪的胜景，更多地把它们引种到城市绿地中，成为人人喜爱的景观树种。南开校园的这株杜梨胸径已经三十余厘米，年岁应该比较老了，值得人们尊敬和爱护。

[4月13日] **银杏"开花"**

银杏位置：主楼工会东侧草坪；二主楼西侧草坪；蒙民伟楼小花园。

鉴别要点：高大乔木；叶脉二叉分裂，入秋则变黄；花不显，果即为白果。

银杏科 Ginkgoaceae 银杏属 银杏 *Ginkgo biloba*

看到这里，您一定有点儿困惑了吧？好像有点不对啊，之前的那么多标题都没有打双引号，这里怎么开始用引号了？好吧，那我就来解释一下这个引号。

在解释之前，首先需要解释三个概念：种子植物、裸子植物和被子植物。所谓种子植物，简单来说就是植物中能够产生种子的植物；种子植物按其种子外面有无包被又可细分为裸子植物和被子植物：前者形成的种子裸露在外，像刚出生的婴孩一样没有包裹，如银杏、松柏等；后者则是我们最常见到的具有真正意义的花的植物，又叫作显花植物。银杏属于裸子植物，它用以传宗接代的繁殖器官里不包括真正意义的花，所以说到它的时候，我们用加引号的"开花"。

细算起来，银杏绝对可以算得上地球上的老资格了，它是现存最有名的孑遗植物之一，现在已经存在3.45亿年了，被誉为"活化石"和

南开花事

"植物界的熊猫"。由于辈分很老，它的同门亲戚鲜而又鲜，竟至于没有——银杏是单科单属单种的植物，也就是说，这一科里面只有它这一根独苗了。值得一提的是，中国被誉为银杏的故乡。在遭遇第四纪冰川运动的时候，分布于世界其他地区的银杏家族成员都未能幸免于难，仅有部分银杏在中国这个庇护所幸存了下来。

关于银杏能说的很多，这里拣两点随便聊聊。一是银杏还有个别称"公孙树"。这里的"公孙"不是指复姓的公孙，而应该分拆为两个字"公"和"孙"来理解。由于银杏生长缓慢，往往是爷爷种树，到孙子一代才开始结果，故得名。银杏的果实成熟时金黄，煞是一道风景。说到风景，就要说到第二点，也就是银杏作为景观树不可胜数的好处：银杏树形高大、笔直、挺拔，站立在道旁显得大气又娟秀；一年四季季相格外分明：春有鹅黄嫩萌芽，夏有郁葱浓树荫，秋有金黄落叶飘，冬则铅白道劲枝，其中尤以秋季的银杏赏心悦目。北京地区有12处赏银杏的好去处，或者以银杏古树著称，或者以众木成林显赫，但归结到一点，深秋的银杏落叶都是景致的视觉焦点，吸引着无数的眼球和照相机。要补充的是，银杏是雌雄异株的植物，在景观绿化中一般选用雄株。原因之一是因为按园林绿化惯例不选用能结果的树，之二是因为银杏种皮成熟后极容易腐败，腐败后会令人不适的气味产生。

银杏的叶子是植物教学里不能避开的焦点。介绍叶形和叶脉时，它总会被拿来当作话题，这与它的独特性分不开：银杏的叶子呈扇形，叶缘有缺刻或者分裂为二；叶脉为很巧妙的二叉状叶脉。因为叶子的独一无二，它经常成为叶脉书签的首要选择。其实哪怕一点不加工，仅是在叶子变黄时捡来夹在书页里，就能成为很有韵味的艺术品。

点地梅位置：七教西侧草坪；敬业广场各块草坪；其他草坪或有零星分布。

鉴别要点：一或二年生草本；叶基生呈莲座状；花梗细长，花白色，5瓣；果近球形。

报春花科　*Primulaceae*　点地梅属　点地梅　*Androsace umbellata*

校园的植物兴趣小组逐渐壮大了，需要一些线上和线下的交流平台。线下的活动经常会开展，大家呼朋引伴在校园里看花草树木；后来感觉到线下活动也会有局限（如时间、空间的限制），所以慢慢地也建立了在线交流平台，如校园BBS的花世界版面，以及QQ群等。看完杜梨和银杏回来，正在整理图片和撰写文字，看到聊天窗口里弹出一张图片，附注文字是："七教西侧草坪，不知名野花，求名！"我

一看，原来是点地梅，花序里大部分还是花骨朵，有几朵刚绽开花瓣，水灵灵的白色5瓣花，真是可爱到不行！于是决定下午再去看看。

点地梅是被问得最多的一种草本野花了。当我回答"点地梅"之后，紧接着被问得第二多的问题肯定是："为什么叫点地梅呢？它是梅花么？"要知道中国人给植物起名字的时候应该是下了很大功夫的，比如有一种伞形科的植物叫作"窃衣"的。窃者，偷也，有一个成语叫作"窃衣取温"，意思是偷衣服取暖，指采用不正当的手段获取利益。这种植物为什么叫作窃衣呢？仔细看它的果实就会发现，果实有满布弯钩状的皮刺，刺上面还有小刺，若人畜经过，不知不觉间就被这果实挂在衣服或者皮毛上了。这没有经过允许、不知不觉的动作，是为"窃"；因为"窃"的对象大都是衣服，故名窃衣。你看，中国人为植物起名字多讲技巧。

点地梅也是这样，拥有一个很贴切的名字。"梅"，我们喜欢把辐射对称5瓣的形状叫作梅，如梅花烙、梅花桩等，都是这个意思。点地梅的花也是布置精巧的五个花瓣，故名"梅"。"点地"两个字，则非常形象地描述了这种植物在地上的分布情况：点缀在地面上或者草地里。实际正是如此，点地梅一般零星分布在草地上；开花时节一朵朵精细的小"梅花"，巧妙地点缀着大地。

看点地梅的花序，是较为严格的伞形花序（拉丁名中*umbellatea*意为"伞形的"），开花的时候，多朵花生长在纤细的花梗上，一盏盏撑在风中，犹如摇曳的烛台。这个比喻我一直用一直用，并没有厌烦的意思，因为它实在是太形象和贴切了。不信，下次当你徜徉在草地旁，不妨俯下身来仔细看看，是不是草丛里点缀着一盏一盏的烛台呢？

[4月13日] 米口袋开花

米口袋位置： 新图前敬业广场草地；大中路与北村之间草坪。

鉴别要点： 多年生草本；羽状复叶基生；蝶形花冠蓝紫色；荚果长圆筒形。

豆科 Leguminosae 米口袋属 米口袋 *Gueldenstaedtia verna*

米口袋是浩瀚的草海中最不起眼的植物之一。它们五短身材，静静趴在地上；浑身毛茸茸的，叶子是羽毛一样的，上面的毛显得更长，像穿了一件毛衣。过一段时间，春夏之交的时候，这毫不起眼的小草中间开出淡紫色的小花。米口袋和早开堇菜、紫花地丁、点地梅、附地菜等道，成为草坪上点缀的紫色的、粉色的小星星。若不是因为前一阵观察紫花地丁，我也不会发现校园里还有米口袋的存在。从点地梅所在的七教到敬业广场没几步路，本想只是顺道看看，没想到米口袋也星星点点地开花了。

米口袋属于豆科的多年生植物。低矮的原因在于它几乎没有主茎，叶子直接从地面长出来，这在植物学上叫作基生叶。上面提到，它的叶子像羽毛一样，植物学里也有一个专有名词来描述这一类叶：羽状复叶。可不是么，一根叶柄好似羽毛的羽轴，上面的小叶则如同羽毛上的羽片。米口袋的两列小叶着生的叶柄顶端还有一片小叶，小叶的总数为奇数，因此叫作奇数羽状复叶；若没有这一片小叶，小叶的总数则为偶数，那样的复叶叫作偶数羽状复叶。

别看它的地上部分如此矮小，在地下的根系可是发达得很。我想这跟它们生长的环境普遍缺水或者风沙较大有关：深的根系有利于吸收水肥和固定植株，而相对紧缩的地上部分有利于减少水分散失和减小空气阻力，从而免于伤害。植物在长期的与环境的相互演化中，形成了很多有意思的适应机制，值得我们慢慢去认识和理解。

米口袋为什么叫作米口袋呢？你耐心地等到花落了，果实也成熟了，再来看看它的果实就会明白了。米口袋的荚果呈圆柱形，看着活脱脱一只又短又胖的小肥猪；荚果里包含很多肾形的种子——你看，不正像一个口袋装着很多米么？

除了作为早春时节草地上最漂亮的野花之一以外，米口袋还是一味中草药，清热解毒，对各种化脓性炎症有功效；此外，它还可以作为牲畜饲料，这样说来，米口袋这个名字的确不是白叫的哦。

[4月14日]　**元宝槭开花**

元宝槭位置：行政楼东侧和北侧草坪。
鉴别要点：乔木；叶常5裂，基部截形或近心形，秋季变红即为枫叶；翅果。

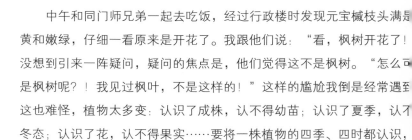

槭树科　Aceraceae　槭属　元宝槭　*Acer truncatum*

中午和同门师兄弟一起去吃饭，经过行政楼时发现元宝槭枝头满是黄和嫩绿，仔细一看原来是开花了。我跟他们说："看，枫树开花了！没想到引来一阵疑问，疑问的焦点是，他们觉得这不是枫树。"怎么可是枫树呢？！我见过枫叶，不是这样的！"这样的尴尬我倒是经常遇到这也难怪，植物太多变：认识了成株，认不得幼苗；认识了夏季，认不冬态；认识了花，认不得果实……要将一株植物的四季、四时都认识，确不是一件简单的事。

枫叶大家都很熟悉，大部分人也都很喜欢。一片火红的枫叶书签，着秋的韵味，很容易成为一件雅致的礼品。香山红叶相信也是很多人都

南开花事

说过的，不过香山的所谓红叶，大部分是黄栌，真正意义的枫叶少得可怜。我们说"枫"这个字的时候，其实名不副实，因为枫树其实是槭树科的，应该叫作槭树、元宝槭等等。真正成为"枫"的，则是金缕梅科的枫香树，这才是古文中所指的"枫"树。枫香树也有猩红色的秋叶，同样为大多数人喜爱；只不过它们一般分布在秦淮以南，在北方很难见到。

枫叶变红，于人的审美而言是一种形而上的自然而然和心安理得——人总是习惯站在自己的角度看事情；于槭树本身，则是一件大智慧的舍车保帅。每到秋冬来临气温骤降，植物面临艰难的生存考验，这时候它们一般会做两件事来应对：一是把叶子中含的有用物质拆解后回收，转移和储藏在树干或者根部以备来年之需。叶片里叶绿体和叶绿素也在分解之列，当它们被分解后，叶片里的花青素、胡萝卜素这些黄色、红色的色彩就显现出来，所以叶子变黄、变红了。二是掉叶子以减少水分的散失，所以我们很轻易地捡到了本来高高在上的树叶。这也是元宝槭在秋冬之际要完成的重要工作。不过枫叶要变红是需要条件的，即短时间内显著的温差（如昼夜温差），很多情况下，天气不是那么配合的话，元宝槭（特别是平原地区的）并不能形成所谓的"霜叶红于二月花"的情境。

元宝槭是众多槭树科"枫树"中的一种，被广泛应用于景观绿化。它的得名其实来自于果实的形状。同前面说到的枫杨一样，元宝槭的果实也是翅果，它的两翅展开略成直角，形状像古代的金元宝，故得名。果实包裹的种子籽粒饱满，富含蛋白质和脂肪酸，是雀类喜欢的美食。等到秋高气爽的早晨，你很容易看到成群的黑尾蜡嘴雀站在元宝槭枝头，用厚实的喙夹开元宝槭的果实取食里面的仁，像嗑瓜子儿一样，煞是有趣。

[4月14日] 二球悬铃木开花

悬铃木科 Platanaceae 悬铃木属 二球悬铃木 *Platanus × acerifolia*

前面介绍泡桐的时候顺带提到了法国梧桐、英国梧桐和美国梧桐等"梧桐"。这里再稍微仔细区分一下这些悬铃木属的种类。常见的悬铃木分为三种，可按其果序的数量和排列方式来分：三球悬铃木（即法国梧桐）通常三个果序连成一串，叶片的宽长比最大；二球悬铃木（即英国梧桐）通常两个果序连成一串，叶片的宽长比居中；一球悬铃木（即美国梧桐）通常一串只有一个果序，叶片的宽长比最小。这里要补充的是，所谓果序指的是悬铃木的众多小花结实以后形成的果实的集合；由于呈球形，故而产生了"一球""二球""三球"的叫法。另外，所谓"一球""二球""三球"的分种方法不是绝对可靠的；往往由于风吹、营养不良等原因，三球的折为二球、二球的变为一球的情况很常见；而且有的性状偏移，产生多于三球一串的。那么怎么办呢？最管用的当然是它们开花的时候去看看；不然的话，就看看树上几球的串串占主要，那就是几球悬铃木了。

英国梧桐是法国梧桐和美国梧桐的杂交种。其实你这样来记会比较容易：1/2（3球法国梧桐+1球美国梧桐）=2球英国梧桐。虽然是杂交种，英国梧桐的应用却比它的父母亲的应用都要广泛。校园里见到的基本上都是二球悬铃木。悬铃木生长快速，树形开展，树冠宽阔，树荫浓密，是极好的行道树和景观树种。

悬铃木的叶子宽大厚重，入秋全部变为橙黄色或棕黄色，是秋季的一道美丽风景线。另外由于叶脉壮实而形态可爱，是制作树叶书签的上好材料。等到秋叶落满地的时候，随手挑拣几片落叶，在碱水中煮一煮，用毛刷刷去叶肉，就只剩下叶脉了；衬上各色素纸，愿意的话还可以写上一两句话，然后塑封好，就称得上一件上好的艺术品了。

南开校园里一棵1946年由南京移栽过来的英国梧桐，现在已浓荫如盖；由它荫蔽的一大片园子更是人们偏爱驻足观赏之处，被称为"一树园"。此外，新开湖东岸和北岸种植有数十年的法国梧桐，它们不知见证了多少专心晨读的学子、多少呢呢喃喃的情侣、多少休息脚程的羁旅、多少离情别绪的毕业生……总看到即将离校的毕业生聚拢在悬铃木下合影，又看到回归的老校友抱着树干或者屏息沉思、或者老泪纵横……"一树园"和新开湖畔的法桐，已经超越了它们作为景观树的角色，成为南开精神和南开魂的象征，成为南开学子的一种寄托和思念。

[4月15日] **紫藤开花**

紫藤位置： 西门；西区公寓；13宿南侧和10宿西侧花棚；蒙民伟楼小花园。

鉴别要点： 木质藤本；奇数羽状复叶；大型总状花序，蝶形花紫红色；荚果大型，似刀豆。

豆科 Leguminosae 紫藤属 紫藤 *Wisteria sin*

在植物界中，若根据植物在垂直空间上分布状态的不同（植物茎的高矮不同），可以大致分为几个类群：草本植物（最低矮，大多数草本植物分布在近地面1m或者以内）、灌木（一般较低矮，有木质化的茎干，但主茎不明显，植株高可达3m）、乔木（一般较高大，主茎明显，

高可达30m或者以上），三者各自占据不同的空间高度，犹如分成三个不同的层；此外还有处于这三者之间的藤本植物。藤本植物有草质或者木质化的茎干，通过攀缘或者缠绕的方式附着于其他植物或者支撑物上，在垂直分布上可以跨越（或者跨越了）草本、灌木和乔木三者的分布空间，因此又可称为"层间植物"。

　　紫藤就是这样一种层间植物。紫藤有木质化延长的主茎，一般螺旋缠绕于其他植物体而向上延伸，有时候也通过木架、墙壁等构筑物上升。像紫藤这样的缠绕植物还有一个有意思的现象，即同一种缠绕植物螺旋的方向一般都是固定的，或者是左旋（顺时针）或者是右旋（逆时针），如紫藤就是左旋的。植物的左旋（或右旋）现象非常有意思，值得细细研究。南开校园里有不少花架，如西区公寓、十三宿等，紫藤顺势攀缘然后垂下，形成瀑布一样的景观。紫藤经常与凌霄一并栽植。前者在春夏之交绽开蓝紫色的花，每一朵花都像一只飞翔的紫色蝴蝶，花序大而下垂，常常是紫中带蓝，灿若云霞；后者的花期稍晚，开橘黄色至橘红色的喇叭状花，也极为美艳。紫藤花架是摄影师和画家最青睐的地点之一，他们总能在浪漫的梦幻蓝紫色中找到创作的灵感。

　　紫藤花的来历还有一个典故，大致意思是一男一女相爱了、被阻碍了、殉情了、坟头长出植物了，这个植物就是紫藤……这个故事被我一描述，变得毫无趣味。不过有关植物的传说大致都这样，或者是凄美的爱情故事，或者是感人的亲情呈现，或者是睿智的医风道气，最常见的莫过于以一个凄美的爱情故事贯穿。由于和爱情典故有关，所以紫藤的花语有依恋、浪漫、美丽、勇气、顽强、高贵等。

马蔺开花

马蔺位置： 日本研究院前山坡；老图东南侧山坡。

鉴别要点： 多年生草本；叶条形或狭剑形；花被两轮，每轮3片，蓝紫色。

鸢尾科　Iridaceae　鸢尾属　马蔺　*Iris lactea* **var.** *chinensis*

与新图书馆相对的，是位于新开湖畔的老图书馆，南开人都喜欢亲热地称之为"老图"。对于植物界来说，老图周边也是卧虎藏龙之地，如：与银杏齐名的子遗植物水杉，全校只有五株，其中三株都栽种在老图门口；全校只有两株暴马丁香，全部都在老图门口西侧的草地里；校园里最高大的两棵雪松也在老图门口的两侧站立，早已亭亭如盖；此外，老图门口东侧的小山坡，则孕育了像看麦娘、马蔺这样的野生草本植物。

　　马蔺是地道的中国乡土种，也是和老百姓的生活息息相关的一种植物。它的叶片含有丰富的纤维，晾干后可以用来捆绑粽子或者编制草鞋和工艺品，是一种优秀的生态材料。童谣中有这样的词句"马兰开花二十一……"，这里的马兰指的就是马蔺。

　　我们身边的植物，随其寿命的长短或者在冬季呈现的状态，大致可以分为几个类别，分别为：一年生植物，当年春季萌发而秋冬枯萎，在一年内完成生命史，如独行菜等；二年生植物，第一年进行营养生长，第二年进行繁殖，如萝卜等；多年生植物，可以持续存活多年，大部分的灌木、乔木及宿根植物都属于这一类（虽然宿根植物不在灌木乔木这一分类范畴）。马蔺是多年生的草本宿根植物。所谓宿根，就是植物寿命超过两年、可持续生长，依靠地下根系或地下茎延续生命的植物。

　　马蔺的根系极其发达，对生长环境不挑不拣，随便在荒地路旁、山坡草丛都能很好地生长；它是一种耐盐碱、耐干旱、耐践踏的植物，抗逆性尤为突出；此外，马蔺的花颜色淡雅，清爽宜人，深为人们喜爱。集这些优点于一身，马蔺成为园林绿化、废弃地改造、防风护坡等领域的宠儿。不论是用作地被植物，还是片植、孤植、镶边，都很容易融入环境，造就宜人的景致。目前，马蔺已经被广泛应用于上述场合，还将有更广阔的应用前景。

[4月16日]　**车前开花**

车前位置：校园内常见于草坪边缘和荒地；西区公寓南侧空地；附中操场；津河北岸沿岸等地。

鉴别要点：二年或多年生草本；叶基生呈莲座状，叶脉5~7条，明显；穗状花序细长。

车前科　Plantaginaceae　车前属　车前　*Plantago asiatica*

　　车前草是非常常见且平庸的一种野草，在我们实验楼的前后随便就能找到，津河沿岸更为普遍。它们喜欢深厚肥沃的土壤，但在条件不如意的情况下，它们也能在贫瘠的地方生长，我就看到很多车前从道路两旁地板砖的缝隙里长出来。常见的还有另外一种车前叫作平车前，具有明显的直根。它们都没有明显的茎，叶子都从地面长出，叶子为椭圆形，类似牛耳朵的形状，故又名牛耳草。现在正是两种车前的开花时节，车前从叶片中间生出修长的花葶，开黄绿色的穗状花序，花其实很不起眼，不仔细看还真发现不了。

车前的名字由来富于传奇色彩。传说东汉名将马武征边期间被敌军围困，时值酷暑，人马皆得尿血症，痛苦异常，军心涣散。忽一马夫名曰张勇者发现自管三匹马症状缓解，大有快状。张勇窥马匹行动，见马啃食一叶片似牛耳之植物，遂采而煎服，症状遂平。张勇兴而告马武，马武大喜，问："牛耳草在何处？"张勇向前一指，曰："将军，那不是么，就在大车前面。"将军大喜："好个车前草，天助我也！"此后，车前草的美名传遍大江南北。在某些地方，人们则偏爱以它的叶子形状命名为牛耳草。

车前之所以能够为人民群众喜闻乐见，更多的还是因为它的药用价值。车前子是药店里必备的一味药，即车前的种子。此外，车前全草都可入药，具有清热利尿、渗湿止泻、明目祛痰等作用。对于车前的使用，南北方的民间大致差不多。记得小的时候，每当风热火痛或头晕目赤，家人总会在屋前屋后随手采几株车前，用水煎煮后滤去渣滓，独饮其汁液；根据口感或可加以红糖、白糖调味，虽不口渴亦时常饮用，少量而多次，逾日则火气消散。小时候贪吃糖，即便炎症已去，仍眼巴巴嘴吧嗒愿意喝这剂"汤药"。

如今早已时过境迁，即使再有小时候的症状，也会不假思索地求助于西药，对于这乡土味十足的方子，很少有人去问津了。不知道今天的牛耳朵，是否还预备好能在顽童口中遗留那缕弥久的清香……

[4月16日] **锦带花开花**

锦带花位置：校园内草地内常见栽培。
鉴别要点：灌木；萼裂到一半；花猩红色
或粉红色；花柱细长，伸出花冠。

忍冬科　Caprifoliaceae　锦带花属　锦带花　*Weigela florida*

校园里的锦带花是最近几年新引进的。这个季节正好是开花时节，经常在BBS版面上看到有同学发图片求问。刚开始总需要一一耐心回复；久而久之，最初被回复的人开始代替我帮忙回复，可见认识的人逐渐增多了。于校园内的植物科普而言，BBS的确有不可替代的优势。

在华北地区，锦带花属于早春开花灌木，花期约4~6月份。锦带花本为山区杂木林下野生植物，由于其花期正值春花凋零、夏花不多之际，花期可达两个月以上，且花多而繁密，花冠呈喇叭状，花色艳丽，因此常被应用于园林绿化，栽植于庭院墙隅、湖畔群植，也可在树丛林缘作花篱、丛植配植，点缀于假山、坡地等地。在长期的园林应用中，园艺学家经杂交育种大量的园艺类型和品种，如美丽锦带花、白花锦带花、变色锦带花、花叶锦带花、红王子锦带等。校园里最常见的就是最后一种，多栽植在草地上。现在恰逢盛花时节，花团锦簇，远观则如同草地上燃烧着一团红色的火焰。

　　其实与锦带花同属的还有另外一种常见栽培灌木，即海仙花（*W. coraeenis*），别名叫作文官花。海仙花在整体外观上与锦带花相似，常被混为一谈。那么两者该如何区别呢？在园林上，有一句俗语可以帮你很好地区分两种植物，即"锦带带一半，海仙仙到底"，指锦带花花萼裂片只分裂到一半，而海仙花花萼裂片裂至底部，据此可在花期快速鉴别两者。此外，也可以从种子的形状来区分：海仙花种子有翅状附属物，锦带花种子的翅则不明显。

　　在观察锦带花的时候经常可以看到奇异的情况。正常情况下锦带花的花冠裂片数目是5，对应5枚雄蕊。但是今天上午看到了6个、7个甚至8个花冠裂片的锦带花，仔细数了一下雄蕊，竟然分别为6枚、7枚和8枚！检查了更多的"奇异"花，发现雄蕊的数量都与花冠裂片的数量一致。仔细看了一下植物志上关于忍冬科的形态描述，说雄蕊"着生于花冠筒"，这样看来"奇异"花的雄蕊数量之所以这样也有道理，但锦带花的花冠裂片为何多于5枚却仍然是一个谜……

[4月16日] **乌拉草开花**

乌拉草位置：老图门口草地；伯苓楼南侧草坪；蒙民伟楼小花园。

鉴别要点：多年生草本；叶条形。

莎草科 Cyperaceae 薹草属 乌拉草 *Carex meyeriana*

老图门口两侧的草坪草与校园里其他大部分区域的草坪草种类都不一样。这里的草叶片修长，长得很高，也不需要修剪，它们就是乌拉草。乌拉草用作地被植物时常被种植于林下环境。它们的茎叶纤细柔软，一阵风吹来，所有茎叶集体随风摇曳，形成一波一波的绿色海浪，煞是好看。每每这时，你总忍不住想象自己能够在这清凉的海浪里漫步徜徉，享受草叶细梢拂过臂弯和后颈的柔和。乌拉草开花在4月中旬左右，典型的莎草科花序，花极小而显黄绿色，不仔细观察并不容易发觉。

乌拉（wù la）又写作"靰鞡"或"兀剌"，读音来自满语对皮靴的称谓，指的是东北人冬天穿的一种"土皮鞋"。这种鞋用皮革做成，里面填充以乌拉草，结实防风，暖和爽脚，深受东北人民喜爱。其实垫在乌拉里的乌拉草并非具体的某一种草，其种类依地区和使用习惯而异，包括有塔头草、羊胡子草等几种莎草科薹草属的植物，有的生长在沼泽地，有的生长在山林间。不管地方差异如何，这些"乌拉草"具有共同的特点，即茎叶细长，干燥后柔软、韧性强不易折断，保暖效果极佳。由于具有保暖防寒的作用，可以用来填充在乌拉鞋中，还可以作为草褥、人造棉、纤维板、草编工艺品、造纸等的原材料，乌拉草被誉为东北三宝之一。

乌拉草为多年生草本植物，依靠根状茎越冬和繁殖蔓延，可以形成大面积密集的草坪。与现有的以早熟禾、高羊茅、黑麦草为主的草坪草相比，乌拉草具有非常多的优势：耐旱、覆盖度大、美观性极佳、管护强度低……除去需要提供踩踏功能的场合，乌拉草其实还可以有远大于现在的应用空间。

［4月19日］ **枸杞开花**

枸杞位置：西区公寓草坪；西南村居民楼下草坪。

鉴别要点：多分枝灌木；枝上有刺；花漏斗状，淡紫色；浆果成熟后红色。

茄科　Solanaceae　枸杞属　枸杞　*Lycium chinense*

不知道是因为小孩普遍火气旺还是怎么地，和很多人交流小时候的境况，都说那时候容易风火牙疼、扁桃体发炎之类的，我便是其中一个典型。儿时经常被牙痛折磨，时而还饱受扁桃体肿大之苦。每每这时，我邻家的枸杞就要过来分担苦痛。老妈不管老嫩，用镰刀连枝带叶割了一把枸杞回来放在锅里熬开了汤，不由分说就逼着我喝。相较于吃与荷包蛋一起煮的枸杞芽而言，我更喜欢喝这加了糖的汤水，因为它没有前者那么苦——当然了，光吃荷包蛋的话，还是偏爱前者的。等到牙疼全好了，就又忘了苦痛，整天干着偷采枸杞红果吃的孩子事去了。如今校园里的枸杞花开了，一朵朵蓝紫色的花，犹如绽开了母亲般温暖的笑颜，总勾起我对童年往事的念想，也愈增加了对母亲的感恩。

　　枸杞身上有刺，这丝毫不影响它成为人们最喜爱的植物之一。庭前院后、篱笆左右，人们遍植枸杞，一则可以围园，二则闲时可以采摘枸杞芽当作一味上好的时鲜菜蔬，三则，年情好的话到了秋季还能收获一大把鲜红甜美的枸杞果实。李时珍在《本草纲目》中写道"春采枸杞叶，名天精草；夏采花，名长生草；秋采子，名枸杞子；冬采根，名地骨皮"，这很全面地概括了枸杞于人们的好处。加上上文提到的枸杞芽（即枸杞的嫩苗，又称为"枸杞头"），枸杞成为又一种全身是宝的植物。枸杞作为一种名贵的药材和滋补品，被广泛用于养生和保健调理。同样是在《本草纲目》里，枸杞被认为具有"补肾生精，养肝明目，安神令人长寿"的功效。大名鼎鼎的宁夏枸杞是枸杞兄弟之一，是国人最喜欢的枸杞。

　　在民间乡下，人们用枸杞作为围篱由来已久；近年来人们开始把它请进城市花园，种植于池畔、边坡或庭院，同时也带来了它那野性、质朴的美。枸杞这种朴实的植物越来越多地融入了人们生活的各个角落、方方面面。

[4月19日] 白茅开花

白茅位置：草地及边缘荒地常见。西区公寓草坪；敬业广场草坪、西南村广场。

鉴别要点：多年生草本；常丛生；圆锥花序大型，多丝状柔毛，形似猫尾巴。

禾本科 Gramineae 白茅属 白茅 *Imperata cylindrica*

　　每年春季，白茅从往年的老根上抽出穗子，不声不响地开出白色的毛茸茸的花序。花开过之后，叶子才开始慢吞吞地长出来。现在正好是白茅花开的时候，无论是西区公寓，还是敬业广场，草坪上或草坪周边的荒地上，总可以看到白茅的身影。

　　白茅是禾本科多年生草本植物，有很深很广的"根系"——它们的地下茎在地下横走穿行，盘根错节，蔓延伸展；每个节上面，都能够生出新的植株来。所以，白茅是大家族群居的植物，每一大丛白茅可能就是一个家庭，四代同堂甚至更多的祖辈生活在一起。等到开花时节，往往能够看到一大片白色的长长的狗尾巴状的花序，随风飘舞；等到秋季，白茅修长的叶子全部变为棕黄色，当这种棕黄色达到一定的数量规模时，也是一道令人惊叹的风景。它的这个特性使得它成为生态工程设计者的宠儿，可以应用在台坡堤岸的绿化等场合，绿化和水土保持的效果优良，并且还照顾到了景观效果。

白茅的地下茎还有一个名字叫作茅根。相信近年来人们已经能够等在城市中就喝到清甜的茅根饮料了，这是人人喜爱的"生态食品"和"保健饮料"，有凉血止血的作用。小时候伙伴们贪玩，在野地里一玩就是大半天，口渴了也不需要着急，随地拔起来白茅根放在嘴里嚼一嚼就能解渴。它虽然不似甘蔗那样甜美多汁，但口感同样是相当地赞。拔白茅根有技巧的；它的根很结实，用死力气拔若不小心是要割了手的，你需要去琢磨拔根的门道。小时候不好别的，这些事情是最上瘾了。

也许是广泛出现在人们生活的各个角落中，白茅被赋予了更多文化层面的寄托。古代女子赠男子白茅表示有爱慕婚恋之意。《诗经·邶风·静女》中说"自牧归荑，洵美且异"，这个"荑"指的应该就是白茅。其二，白茅根是进行祈福或者驱邪活动的重要道具。小时候亲见到奶奶扯几根白茅草打一个草结挂在门上，据说能起到神奇的作用。后来慢慢地长大了，我也慢慢地理解了奶奶：人需要有一点儿信仰或者寄托，白茅在这个时候应该就是一个图腾吧。另外，有的地方在卖东西（特别是家养的动物牲畜）时，往往在出卖物身上插一根"茅标"，我妄自揣测，这所谓的茅标，指的也是白茅草吧。

[4月19日]　**桑开花**

桑树位置： 新图东南侧草坪；西南村居民楼下草坪；北村居民楼下草坪。

鉴别要点： 乔木；叶大型，常用来养蚕；聚花果即为桑葚。

桑科　Moraceae　桑属　桑　*Morus alba*

南开花事

136

桑树开花总是容易被忽略。这和人们对花的认识有关——说到花，人们头脑中很容易浮现出鲜艳、大红大紫的形象；而如同桑树者，花又小，花的颜色也不鲜艳。你需要在嫩绿的桑叶丛中仔细寻找，才能发现那同为黄绿色的雄花序和雌花序。等到花期过去，雌序便发育成为红色、紫黑色或白色的聚花果——这便是美味可口的桑葚了。桑葚除了提供人类食用以外，还是很多鸟类喜欢的食物。不久之后，它们就会撑起盛夏的大伞，欢迎各方来朝的鸟儿们。

　　写到这里，我觉得有必要盘点一下北方地区居所周围最常见的一些树种了：桑树、榆树、梓树、槐树、刺槐、香椿……我们给它们一个共同的名称，叫作"伴人树种"。人们乐于在房前屋后种这些树而不是其他的什么树，从经济学角度来说是有原因的——或者是能吃，或者是能用；衣食住行用，总有一项能沾上边。常见的伴人树种中，与衣食住行用各项功用符合度最多的无疑就是桑树了：除了可以提供阴凉外，桑叶可以作为桑蚕的饲料；桑树的木材可用来制作器具，桑树枝条可编箩筐，桑皮富含植物纤维，可作造纸原料或者编制，桑的果实桑葚则是人人喜爱的果品，可供食用、酿酒，桑叶、果和根皮还可入药……桑的分布与蚕业有密切联系，主要分布于中国、日本、印度和俄罗斯等国，其中中国是最早栽桑养蚕的国家。据考证，远在殷商时代，甲骨文中已有桑字出现，战国青铜器上则有提筐采桑的图纹。

　　我国的大部分地区都种植桑树。当然，我们不能如此功利地看待这种温和的植物；除了功用之外，桑在中国文化里可谓渊源深厚。"桑梓"二字，用来比喻思乡、乡愁，表达在外游子的羁旅心情；"农桑"用来指代所有与农业相关的事务；"沧海桑田"形容世事变迁很大；"桑榆暮景"则描述了夕阳的余晖照在桑榆枝梢上，用来喻指傍晚或者晚年；"失之东隅，收之桑榆"用来表达塞翁失马焉知非福的意思……这样的例子举不胜举，可以留待读者自己去发现。

鸢尾开花

鸢尾位置：校园内草地上广为栽培。二主楼南侧草坪；东方艺术大楼东侧草坪；西南村居民楼下草坪等。

鉴别要点：多年生草本；叶较马蔺叶宽；花两轮，3数；外花被中脉上有鸡冠状附属物。

鸢尾科　Iridaceae　鸢尾属　鸢尾　*Iris tectorum*

南开花事

138

中午看到有人在大中路旁、东方艺术大楼东侧的草坪上拍婚照。草坪上有一大片鸢尾在盛开，花开得很奔放，清一色的蓝紫花瓣层层叠叠，组成了一条蓝紫色的花毯，未开的深紫色花蕾点其间——不用说，无论是那对准夫妇还是摄影师都被这天然的拍摄布景给征服了，他们拍得那么投入！"祝福你们！"我在心里默默地表达，同时轻轻在记录本上记下："鸢尾开花，4月20日。"

我们在旅游或者游览时经常能够看到鸢尾科植物，它们大小、形态和颜色各异：前文写过的马蔺，早春从裸露的地面长出来先花后叶的是番红花，初夏盛开花瓣上有紫黑色斑点的是射干，种在水边或者水里的是黄菖蒲（*I. pseudacorus*）和黄花鸢尾（*I. wilsonii*）……总之，虽然生境不同、表型迥异，但鸢尾家族的成员们非常一致地是人们喜爱并且广泛栽培的植物。人们喜欢将鸢尾科植物进行片植，形成斑块状的景观——这样的景观无疑是写真和婚纱摄影钟爱的。

鸢尾的老家在中国的中部。它的家族很庞大，遍及世界各地。"Iris"这个名字来源于希腊语，是"彩虹"的意思，表明彩虹的颜色尽可在鸢尾家族的花朵中呈现。缤纷多彩的各色鸢尾分别有不同的花语：白色鸢尾代表纯真，黄色代表友谊永固，蓝色是鸢尾中的贵族色，代表赞赏对方素雅大方、雍容华贵，紫色则代表爱意与吉祥。

鸢尾花开时，花形恰似一只翩翩起舞的蝴蝶，在绿叶的陪衬下，像是蝴蝶飞舞于草丛间。前面提到鸢尾名源自于希腊语，其实在中国文字里也可以得到很好的解释：鸢是一种飞行飘逸的猛禽，鸢尾的叶子平展，犹如飞翔的鸢鸟翅膀，代表着自由和翱翔，这是多美好的比喻！

不管是比喻为彩虹，还是比喻做蝴蝶、鸢鸟，人们对鸢尾的爱有增无减。法国人对鸢尾的喜欢尤甚，把鸢尾作为国花。相信这一家族的花草们会越来越多地进入人们的生活。

[4月20日]　**泥胡菜开花**

泥胡菜位置：常见于草地边缘的荒地。津河北岸沿岸。

鉴别要点：一年生草本；茎常单生；叶分裂；头状花序在茎顶排成伞房花序，花紫红色。

菊科　Compositae　泥胡菜属　泥胡菜　*Hemistepta lyrata*

　　泥胡菜在早春时节长出莲座状的叶子，到4月中旬，从叶丛中间长出修长的花葶。早晨从津河沿岸走过，看到它已经开出蓝紫色的花，时而在微风中摇曳。泥胡菜的花虽不似刺儿菜的花大，而独有亭亭玉立的气质。它们生性皮实，能够在很广的环境条件下顺利生长，在某些城市已经成为重要的园林观赏植物。南开校园里虽然还未人工种植泥胡菜，但即使是在最华丽的花坛里，绿化工人们也会给它一席之地，不会毫不犹豫地当作杂草拔掉（其他野花可就没有这么幸运了）。

　　到目前为止，我们介绍过的野花野草里名字中带有"菜"字的已不在少数。每当说到这里，人们似乎都会条件反射地问一句："菜？能吃

南开花事

140

么？"请允许我把话题稍微岔开一点儿——在野外最容易被问的三个问题依次是这样的：第一问，"这东西能吃吗？"若答案是肯定的，第二个问题就会是："它好吃吗？"若答案再一次为"是"，第三个问题必定是："这东西多吗，够吃么？"

其实所谓能吃与否，实在不是一个严格的定义。大卫·梭罗在《瓦尔登湖》里花了不小的篇幅来叙述有毒蘑菇能否食用的问题。他曾举例说当地居民采到所谓"有毒"蘑菇后，不管三七二十一，均以大火长时间煮烂，之后大快朵颐且并无不适症状。可见有毒无毒在某些层面上是相对的。当然了，我们讨论的野菜属于大众认定的无毒植物范畴。这种情况下要问的其实是上述的第二个问题，因为对于中国人而言几乎所有植物都可以入药，同理大部分植物都是口中之粮。可以概括地说，大部分无毒的野花野草——不管它的名字里有没有"菜"字——都是可以吃的。名字里之所以包含"菜"字，我相信是人们出于对这一类野生植物的亲近而赋予它们的爱称。

在江浙一带，人们在清明节时会食用"青团"。做青团的野菜一般有三种，分别是泥胡菜、艾蒿和鼠曲草。这些野菜经开水焯过后仍然保持青色，经过另外的加工工序就是好吃的特色小吃。我不禁感慨，同为国人，虽处于不同的地域，但吃的东西竟然大同小异——身在桂林的我们同样也会在早春采摘艾蒿和鼠曲草的幼苗，用石灰水焯熟后，揉碎掺进糯米粉中做成糍粑，这就是大名鼎鼎的艾粑。艾粑是农历二月二的特色小吃，人们认为它清热解毒，醒脑利血，因此极为推崇。到了三月清明，我们吃的是另外一种植物（密蒙花）为原料做成的特色小吃……我时常有这样的冲动：写一本书介绍各种地方小吃与植物之间的千丝万缕，名字就叫作《舌尖上的植物学》。

构树雄株开花

构树位置：南开附中北侧；蒙民伟楼小花园；行政楼东侧草坪。

鉴别要点：高大乔木；叶形多变；雌雄异株，雄花呈柔荑花序，雌花呈球形头状；聚花果成熟后红色。

桑科 Moraceae　构属　构树 *Broussonetia papyrifera*

南开花事

前文不小心开启了吃的话题，似乎有点儿意犹未尽。看完泥胡菜来到蒙民伟楼小花园看到构树开花，索性继续讨论吃的问题。构树属于桑科植物。在桑科的植物里面，我吃过并且吃而不厌的已有多种：桑葚、菠萝蜜、榕树果、无花果、构树果实和柘树果实等。当然了，桑科能吃的还有可口的面包树果实、用于酿造啤酒的啤酒花等，这里不需一一列举。不过这个科也不乏大名鼎鼎的有毒植物，像大麻（虽然有人把它单独出来列入大麻科）和见血封喉，后者无论是在武侠小说中还是现实生活中都被公认具有极其嚣张的毒性。啧啧，从吃的角度来说还真是有喜有忧啊。

构树也是雌雄异株的植物，它们的果实长在雌株上，若是开花的时候你觉得不容易区分那些雄蕊雌蕊，那么果实成熟的时候应该就能很好区分了吧。构树的果实成熟后变成鲜红色，大小如草莓，光看着就让人口水直流。可恶的是，小时候我们竟然被告知这个东西不能吃，甚至都不能碰！听话的我于是就不吃也不碰，但是同样集大胆于一身的我最终还是试吃了：甘甜可口，除了种子略有点硌牙之外，和草莓、桑葚相比有过之而无不及！终于证明了，这又是大人们玩的一个小"阴谋"。

构树是一种速生植物，长得很快，适应性也较强；它们通过根部"分蘖"长出新的植株，滋长蔓延，这使得它成为废弃地的重要先锋树种之一。另外，构树的老树干不似它的同门兄弟桑树那样偏白，而是呈现一种黄铜色，这使得它在众多景观树中脱颖而出。它们的叶子上面密布绒毛，可奇怪的是不少地方竟然用这个做猪饲料。构树的树皮富含纤维，可以作为造纸的原材料。根和种子可以入药，树液还可以治疗皮肤病，真可谓"全身是宝"呀。

草地早熟禾开花

禾本科　Gramineae　早熟禾属　草地早熟禾　*Poa pratensis*

　　作为一种草坪草，开花显然是不被允许和推荐的。尽管我们每天都若干次经过草坪，却鲜有机会看到草地早熟禾开花；仅仅是在草坪的边缘地带或者无人问津处，才能有幸看到它那羞涩的花序在微风中柔弱地开着。它们的花序大而舒展，包含较多的分枝，每个分枝细分为小枝或小穗，小穗中包含3~4朵小花，小花黄绿色，一点儿都不显眼。从花序到分枝到小穗再到花，这是禾本科花的一个基本结构。

　　草坪草算是我们见得最多但最不了解的植物之一了。在城市绿地中常用的草坪草种类及品种非常丰富，草地早熟禾是其中表现优异而深受绿化专家们喜爱的一种，当然还包括它的各种品种，如午夜（Midnight）、奖品（Award）、浪潮（Impact）、世外桃源（Arcadia）等。其他在华北地区常用的草坪草还有黑麦草、高羊茅、假披碱草等。草坪草往往在城市公园绿地、球场、高尔夫球场、路旁草坪、边坡等地进行栽培。大片的草坪随地形形成蜿蜒起伏或者一马平川的绿色海洋景观，不仅仅给人们绿色、清新的享受，也给人们提供了休闲、娱乐、运动等场所。

　　草地早熟禾是一种长寿的多年生禾草，适于生长在冷湿气候环境，是著名的冷季型草坪草。它喜欢15~25摄氏度的环境，在这个温度范围内生长迅速，表现最为优秀，在高温条件下则显得有点水土不服。它们根系深厚，能够耐寒、耐一定的盐碱环境，在偏酸性的土壤里生长最好。草地早熟禾是一种耐践踏性较好的草坪草，根据"适度干扰"原则，不超过限度的踩踏不会对它们造成太大的伤害，轻微的践踏反而对草坪的生长有好处。所以我们在竖立"严禁践踏草坪，违者……"之类牌子之前，应该具体问题具体分析，不能一概而论。当然了，在国内这种人口众多的情况下，矫枉过正地尽行禁止，也是还算可以的一件事吧。

　　尽管有如此多的优点，仍然难以掩盖以草地早熟禾为代表的草坪草的缺陷，如耗水、管护复杂、病虫害防治困难等。现在在城市绿化中开始慢慢兴起一种"回归"思潮，主张重新将野生乡土植物引入城市花园。前文提到的乌拉草即是一例。不过乡土植物替代草坪草将会是一个非常漫长的过程吧。

[4月23日] 山楂开花

山楂位置：西区公寓草坪；蒙民伟楼小花园；西南村居民楼下草坪。

鉴别要点：乔木；伞房花序，花白色，5瓣，雄蕊20枚，花有鱼腥味；果即为山楂。

[示托叶]

蔷薇科 Rosaceae 山楂属 山楂 *Crataegus pinnatifida*

对我而言，山楂是较适宜作为物候观察对象的一种乔木。首先它很常见，常种植在房前屋后，不是那种要遍寻大半个中国都难得一见的珍稀物种，对常见的东西进行物候观察才有比较大的可行性。其次，山楂的四季季相变化分明：冬天和早春只有光秃秃的树干和树枝；春季抽枝展叶，花蕾膨胀；春夏之间白花盛开，在绿叶的衬托下格外清新；夏季满树绿叶郁郁葱葱；秋季红果累累挂满枝头；到了深秋则树叶尽数染上橙红色，整棵树披上浓实的秋装，等待秋风来袭……然后进入下一个循环。每一个值得记录的物候观测点都有明晰的景象。现今正是山楂开花的季节，西区公寓和蒙民伟楼前小花园都能看到山楂花开。

山楂开复伞房花序，白色小花和它的苹果类兄弟花形相去甚远。山楂开花的时候有一种特殊的气味，有人说是鱼腥臭味，因此它的花并不为人们青睐，却为某些果蝇类的昆虫所喜爱，后者默默地承担起传粉的重任。

尽管花不怎么受人待见，山楂的果实却是广受欢迎的水果。山楂果实常被称为山里红、红果等（其实这两者分别各有所指，是与山楂有亲缘关系的其他兄弟种类，并非山楂本人），富含维生素和各种果酸，味道鲜美独特，且具有健脾开胃、消食化滞、活血化瘀的功效。我们吃过的山楂果制品并不在少数：冰糖葫芦，山楂片……小时候没少吃山楂片，当然并非为了开胃，只是贪图那种酸酸甜甜的爽口。

山楂的名字来源于一则凄美的爱情故事。相传古代有一位名为石榴的美女子，聪慧善良，深受乡里的喜爱。石榴与邻居的小伙子相互爱慕，遂订了亲事。不料天有不测风云，石榴被当地一名权贵看上了，权贵强行逼亲，石榴愤而不从，以死殉情，化而为树。权贵恼羞成怒，贬低其为山渣（山中的渣滓）。百姓哀其不幸，又喜爱之，因而称之为山楂。每到春天，山楂开出洁白的花朵，人们说那是石榴在留恋小伙子……在紫藤的篇章里我们也听到过类似的故事，可见人们很愿意赋予植物以故事情节。在今天看来，这也许表达了人们崇尚美丽和正义、期望有情人终成眷属的美好愿望吧。

[4月24日] **金银忍冬开花**

金银忍冬位置： 校内各处草坪常见灌木。伯苓楼西南村草坪；南门樱花园草坪；蒙民伟楼南侧草坪等地。

鉴别要点： 灌木；叶对生；花生于叶腋，两朵一对，花色先白后黄，芳香；果实成熟后暗红色，久不落。

忍冬科 Caprifoliaceae 忍冬属 金银忍冬 *Lonicera maackii*

南门樱花园的金银忍冬开花了，有着清幽的香味。

金银忍冬是忍冬科植物从山野走进城市花园的代表。忍冬科的植物并不少见：如忍冬属的金银忍冬、金银花、郁金忍冬、新疆忍冬，荚蒾属的天目琼花，六道木属的六道木、糯米条，接骨木属的接骨木，猬实属的猬实，锦带花属的锦带花和海仙花等……具有优良观赏特性的山野植物是园林工作者们不可遏制的欲望所在。它们进入城市花园后，大致可以归入四个应用场合：观花植物、观叶植物、观干植物、观果植物。第一类最为常见，几乎八成以上的植物都以花吸引人们关注的目光；观叶植物大都具有有别于绿色的颜色，如各种金叶品种（金叶莸等）；观干植物相对较少，其中尤以金枝和龙爪枝的植物为多（金枝国槐、红瑞木、龙爪桑等）；观果类的植物则以果实为主要观赏对象（如火棘、接骨木等），金银忍冬就是其中之一。

解析一下它的名字："金银"当然指的是花的颜色。花初开的时候为白色，快要凋谢时变为黄色；白者银也，黄者金也，先白后黄，先银后金，是为金银花准确来说应该是"银金花"。更重要的是，金银忍冬的叶子是对生叶，两个叶腋各长出一个总花柄，每个总花柄上各开两朵花——非常的对称！有时候这些同蒂并花的"对子花"花期有所差异，就能看到并排的金花银花，很贴切。至于"忍冬"，顾名思义，就是忍耐寒冬的意思。据说忍冬类的花经冬不凋，但根据实际观察金银忍冬的花没有开到秋冬季节的，所以我妄自揣测"忍冬"用在金银忍冬身上不是指它的花而是指果——这就是我们为什么说它是观果植物的原因。到了深秋乃至寒冬季节，北国几乎所有的植物都凋零了，而金银忍冬以一树鲜红的小果实装点着自己，在冬态中尤其显得明晰。它其实很聪明，让自己的最美在别人最不美丽的时候展现。金银忍冬的红果是它一辈子最灿烂的所在。

遗憾的是，如此灿烂看似鲜美的果实其口感却又苦又涩，不堪入口。这样也好，既然是观果植物，要是人人爱吃，估计早就遭到抢食了。金银忍冬的果实虽然不为人们所取，却为一些鸟类提供了食物，如白头鹎、灰椋鸟、红胁绣眼鸟等都喜欢取食这种红果。在寒冬腊月中，鸟类找食会成为最重要也最性命攸关的事情；这时候金银忍冬雪中送炭，无私地贡献出自己引以为豪的果实，实在也是生物界一大义举了。

[4月25日] **天目琼花开花**

天目琼花位置：西南门东侧草坪；新图书馆东南侧草坪。

鉴别要点：灌木；边花不育。

忍冬科　Caprifoliaceae　荚蒾属　天目琼花　*Viburnum opulus* var. *sargentii*

　　早两天有人问天目琼花开花没有，以及"学校里的天目琼花到底在什么地方？！"彼时新图书馆侧前方的草坪里还没有栽种这种植物，但在西南门东侧的草坪上有一株天目琼花。它被掩盖在高大的毛白杨和杨树树荫下，若不开花并不容易被发现。按照往年的记录，天目琼花应该开花了。于是我决定带兴趣小组的同学们去看一次。果然，靠近外侧的花序已经有开花的了。"原来这就是天目琼花啊！"大家感叹道。

天目琼花原产于中国，因发现于浙江天目山地区而得名。天目琼花还有一个名字叫作鸡树条荚蒾，这个名字则揭示了它的科属来源。说到天目琼花，最为人知的当属它的边花不育现象了。它有大型的聚伞形花序，若是所有的小花都开出花朵，应该是很赞的景象。遗憾的是，自然界总是很会找平衡，它让天目琼花中间的花长得非常娇小而其貌不扬，这样总体来说它的花序就不可能形成很繁盛的场面；然后为了弥补这个损失，它又让处于花序边缘的花的花冠畸形地膨大，形成大而明显的花，这些"边花"个头有中间花的数倍甚至十倍大；再然后呢，为了抵消边花的大而美艳，它又让边花不育，不能完成传宗接代的过程；再再然后，总觉得这样做有点太过分了，于是它让中间花仍然保留了传粉结实的能力。经历过多少次跌宕起伏，才造就了这自然界间的精灵！

　　和天目琼花类似的具有不育边花的，除了忍冬科荚蒾属的一些荚蒾（如绣球荚蒾等）外，还有虎耳草科绣球属的很多种绣球（如东陵绣球等）。绣球花也有大型的不育边花。它们能够正常授粉和结实的花往往为小型花，颜色也不鲜艳，这直接导致了对传粉昆虫吸引力的下降。但是有了大型的不育边花就不同了：这些花虽然对传宗接代并无直接贡献，却为招蜂引蝶做出了努力。它们绽开鲜艳的花冠，向过往的昆虫们致意：这里有好吃的，快来吧！另外还有一些植物，虽然不是完全照搬边花不育的策略，也会用类似的手段来吸引昆虫的注意，如三角梅的大型粉红色苞片；金花玉叶也有这样的结构。

　　天目琼花的花开如雪，叶形也精巧有趣，它们的红果更是吸引注意力。现在琼花在城市景观绿化中已经有了较多的应用。人们在观赏这奇特的花的时候，会不会也窥见它们背后隐藏的这些有趣故事呢？

[4月25日] 蒺藜开花

蒺藜位置：校内荒地可见，如博士9号楼西侧荒地和草坪。

鉴别要点：一年生草本；偶数羽状复叶；花黄色，5瓣，雄蕊10枚；果有刺，如雷公锤。

蒺藜科 Zygophyllaceae　蒺藜属　蒺藜　*Tribulus terrestris*

已经来到了津河边，看完天目琼花后我们索性沿着津河继续走一段。最近开花的植物不如前一阵密集，泥胡菜、中华小苦荬还在花；4月中旬以前开花的大多数草本植物已经结果了，蒲公英更是了毛茸茸的"脑袋"，它那带毛的种子成熟了。有同学发现了一株物在开黄色5瓣的花。听完他的描述后我以为是朝天委陵菜开花了，走近一看才发现原来是蒺藜！真是幸运，差点错过了它的花期！

不过马上有人表示认识这种植物："在我们老家，这种植物可常见了。小时候到河边去，要是不穿鞋，一不小心就被扎到了！""有时候车胎也能扎破！"蒺藜对于很多人来说并不陌生。蒺藜是一年生或多年生的低矮草本，茎匍匐生长，羽状复叶对生，未开花的时候非常不显眼。它的花单生在叶腋间，为黄色的5瓣花，乍一看与委陵菜属的花相似。同学们说扎脚以及扎车胎的是它的果实。蒺藜的果实五角形，直径约1厘米，由5个果瓣组成，每个果瓣呈斧形，两端各有一对硬尖刺，犹如一枚缩微版的"雷公锤"。可别小看这个雷公锤，若不小心被扎到了，肯定疼得你跳起来！

在认植物的圈子里有不少"黑话"，这些黑话虽然不够严肃，对于交流却非常方便，比如"科长""属长"等。所谓"属长"，指的乃是与属同名的种，很多时候这个种亦为该属的模式种；"科长"亦可据此类推。所以蒺藜应该是蒺藜科的"科长"，亦是蒺藜属的"属长"了。作为科长和属长，蒺藜的很多形态学特征均反映了该科植物的生态适应性，如：根系发达、植株矮小、茎伏地生长、叶片披毛等，这些都是对干旱、大风环境的适应。蒺藜科的很多植物均生于西北各省区的荒漠和半荒漠的沙区和砾石山坡，是重要的防风固沙植物，常见的如梭梭属、白刺属、骆驼蓬属、驼蹄瓣属和霸王属的多种植物等。

[4月26日] **新疆忍冬开花**

新疆忍冬位置： 西南村和津河之间。

鉴别要点： 灌木；花形稍小，粉红色；果成熟后红色。

忍冬科 Caprifoliaceae　忍冬属　新疆忍冬 *Lonicera tatarica*

昨天在津河边看天目琼花的过程中发现了除金银忍冬外的另外一种忍冬属的灌木。彼时它已是蓓蕾满枝头，大部分花蕾已经膨胀，仿佛马上就要绽开的样子。它的植株稍显娇小，枝条柔弱，没有金银忍冬的那种粗放；叶片近卵圆形，比金银忍冬的叶片小；叶片质感偏纸质，颜色偏灰绿，不似金银忍冬的叶片丰泽；叶缘有短糙毛，手感亦不同。观其花蕾，是娇嫩的粉红色至水粉色，这也是金银忍冬没有的。花还未开，鉴定起来也感觉有困难，所以只能暂时记下位置，留待来日再看。

今天早晨再来到津河边，看到这个忍冬属果然开花了。花筒较短于唇瓣，唇形分裂的花冠呈粉红色，分裂不似金银忍冬般整齐和对称；雄蕊和花柱均比花冠短，5枚雄蕊看似杂乱地伸出。仔细闻了一下，它的气味比金银忍冬明显，是淡淡的清香。尽管进行了详细的观察和拍照，我还是未能识别出它到底是哪个种——忍冬属是一个非常庞大的属，看来我有必要借助检索表了。于是回到实验室，翻开《中国植物志》忍冬属的检索表，根据刚才的观察和照片逐一对照，最后才锁定目标——新疆忍冬！

新疆忍冬产于西伯利亚、欧洲及中国的新疆北部，生长于石质山坡或山沟的林缘和灌丛中。由于它具有优良的生态学特性和观赏特性，园林工作者将其引种到城市花园中来，目前在黑龙江、辽宁、京津等地区已有栽培。原来它有这样的来头啊，难怪乎困扰了我半天呢。

不过现在好了，新疆忍冬，我开始认识你了。过一阵我还会来看你的，还没看到你的果实长什么样呢。无论如何，欢迎来到南开园！

[4月26日] **毛洋槐开花**

毛洋槐位置：行政楼北侧草坪；（原）西门进来道路两侧。

鉴别要点：乔木；奇数羽状复叶；花紫红色，香味明显。

豆科 Leguminosae 刺槐属 毛洋槐 *Robinia hispida*

南开花事

156

　　自从紫丁香和西府海棠花谢之后，校园里颇是空缺了一段时间香味显著的植物。从今天开始，晨风又开始吹送一种沁脾的香味：这香味像是漂浮在海浪之上的柔丝，柔柔软软却又挥之不去。像是顺藤摸瓜般的，我顺着香味找过去，发现是毛洋槐开花了。西门进来后道路两旁种的都是毛洋槐，行政楼东侧和北侧也均有毛洋槐。校园里满溢的香味，就是从这些地方吹送过来的。

毛洋槐是洋槐的近亲。它们同属于刺槐属，尽管各有特色，但在诸多方面毛洋槐却有远胜于洋槐之处。洋槐又叫刺槐，因为它的小枝上往往长有尖锐的枝刺而得名。洋槐的花期要比毛洋槐晚半个月甚至更多；有一句话说"五月槐花香"，说的就是洋槐一般在五月（阳历）开花。有人也许有不同的意见，说槐花指的应该是国槐；其实也说得通，因为国槐的花期一般在农历的五月份，比洋槐要晚一两个月呢。民间有食槐花的习惯，吃的其实是洋槐的花；洋槐的花香甜可口，有与榆钱一样的口碑（据说国槐的花味粗劣不堪入口）。当然这些都是后话。我们现在要说的是毛洋槐。

刚才埋下了一个伏笔，说毛洋槐有洋槐不能比拟的优点。优点之一就是毛洋槐花香迷人；洋槐的花本就算是花中的中品，而毛洋槐的香味更加浓郁芬芳，因此它还得名"香花槐"。优点之二就是它的颜色。香花槐为粉红色、紫红色的花冠，很多蝶形花组成大型下垂的总状花序，花开时犹如一串串蝴蝶连在一起迎风飘舞，姿态优雅飘逸。优点之三，毛洋槐有胜于洋槐的环境耐受性和抗性，能够抗旱、耐寒、净化空气。它们的根系发达，生长尤其迅速，是绿化和防风固沙的优良树种。

因为毛洋槐集香化、美化、绿化于一身，人们赋予了它与洋槐不同的用途；洋槐一般作为庭院树、行道树广泛栽植，而毛洋槐除了作为行道树外，还被用于江河沿岸绿化、荒山植被恢复、固堤造坡等更艰苦的场合，看来真是能者多劳啊。

[4月27日]　黄栌开花

黄栌位置：新图书馆西北侧草坪；西南村与津河之间草地。

鉴别要点：灌木；叶卵圆形，秋季变红；不育花的花梗有紫色羽毛状绒毛，呈"烟云"状。

漆树科 Anacardiaceae 黄栌属 黄栌 *Cotinus coggygria*

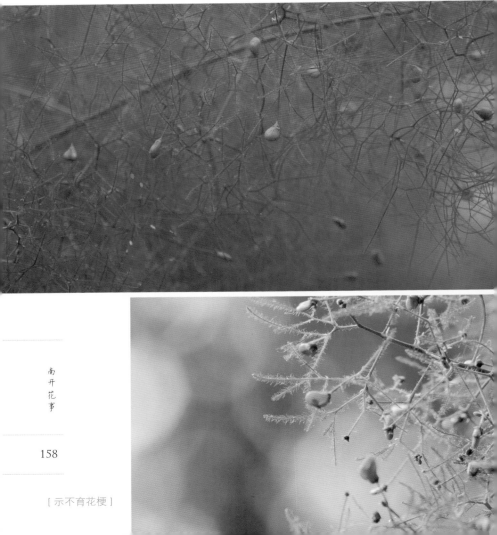

南开花事

158

[示不育花梗]

对于黄栌，语言匮乏的我在着急时只能想到两个字来形容：烟云。这个词是我对这个萌物最初的印象，仿佛一见钟情，从此再也无法磨灭。近日新图书馆西北侧和津河沿岸的黄栌都开花了，便真如同笼罩在了烟云中一般。

"烟云"一词描述了黄栌属植物的一个重要生物学特性。春末夏初正是黄栌开花时节。令人惊艳的倒不是黄栌的花朵本身，而是一种对于它的传宗接代来说无关紧要的附属物——不育花的花梗（这里又提到了不育花）——这些花梗上面有簇状伸长的紫色羽毛状的绒毛。正是大量的不育花梗及其绒毛形成了大片如烟似雾的紫色，即我所迷恋的"烟云"。因为这个特性，黄栌还得名"烟树"。能够留存弥久的紫色烟云是黄栌属植物的第一个可圈可点的看点。

黄栌还是著名的观叶植物。在元宝槭的篇章里曾简单介绍过，闻名遐迩的北京香山红叶并非单指枫叶，而更多地指黄栌的秋叶。每到深秋，黄栌叶片由绿变红，顿时层林尽染，游人云集。人们赶来观赏这几乎可以称为昙花一现的红叶景观：来早了，还是绿叶；来晚了，一阵秋风扫尽了秋叶。黄栌的红叶红得很尽兴；尽管红，但叶脉附近还是保留了一些其他颜色，在逆光情况下有好看的光线透过，像一扇扇窗。

我在山西的石膏山风景名胜区考察时还看到了非常有趣的一幕：这里的黄栌基本上都与白皮松共生，而且是名副其实的"共生"，它们的根缠在一起，枝抱在一处。早春和深秋黄栌都拥有红色的叶子，你可以尽览红配绿的景象。由于白皮松树干的青白，你还能在这种红配绿中看到更丰富的色彩。大自然真是奇妙得令人摸不着头脑。

如今黄栌花正盛开，我们大可以耐心等候——"看罢烟云待红叶"——去期待秋季的到来。

五月

[5月1日]　砂引草开花

紫草科 Boraginaceae 砂引草属 砂引草 *Tournefortia sibirica*

4月的尾巴轻轻地滑过去了，时光指针指到了5月的开头。仿佛有一~形的机器在推动，气温上升加快了植物界的节律。毛洋槐盛花之后略显点儿慵懒，连散落的花瓣都稍显得沉重。这个时候，树荫底下的砂引草~静悄悄地开放了。砂引草别称西伯利亚紫丹，是由它的拉丁名翻译过来~据说"紫丹"这个名字的由来，是因为它们的根含有红色的生物碱，提~

来可以作为红色染料。

砂引草是紫丹属里比较常见的一种，它们有发达的根状茎，在地下穿行并且从根状茎上面长出新的幼苗，这一方面弥补了根系不发达的缺憾，一方面方便家族式地扩张势力范围，快速形成铺天盖地式的覆盖。也许正是由于这个特性，它成为适应性极强的一种植物，能够在半湿润、半干旱、干旱等各种水分环境中生存。它们广泛分布于各种生境：草原、荒漠、城市花园。在我国北方，砂引草可以作为土壤沙化的一个指示植物——它们"不爱红妆爱武装"，专挑条件恶劣的地方安家落户；在高大的沙丘、覆盖着沙砾的草甸、盐碱化草地等地方，都能看到它们娇柔然而坚强的身影。

人们研究砂引草的用途，将它们和其他耐旱、深根性植物（如豆科的各种棘豆、黄芪、米口袋等）一道，应用于固沙、沙丘绿化和盐碱地改良。由于它在这些生境中的优越表现，以及与邻居们和睦的相处，砂引草赢得了一致好评（若它是一个人，绝对可以被评为"固沙英雄"）。

此外，砂引草也是都市野花中具有典型意义的一种。砂引草于春夏之间开花，花色白中带着米黄，有很好的颜色过渡；多朵花形成大型的花序，散发着淡淡的芳香。它们个头低矮，只在地面附近淡雅地展示着芳姿。但是这并没有逃脱园林工作者们锐利的眼光，他们很快就发现了砂引草的美丽，开始尝试在都市花园中引种砂引草，让它们在百花中尽展风采。

不知道这个原野中脱身的茕茕女子，能否适应都市的浮华，而能够忍住在霓虹灯闪亮的夜里，回眸凝望赖以生存的那片荒野？

朝天委陵菜开花

朝天委陵菜位置：校内草坪及周边荒地常见。西区公寓南侧空地；津河北岸沿岸草地和荒地。

鉴别要点：一或二年生草本；茎叉状分枝；羽状复叶；副萼片发达，花瓣金黄色，5瓣。

蔷薇科 Rosaceae 委陵菜属 朝天委陵菜 *Potentilla supina*

藜藿开花后，我开始留意朝天委陵菜的花期，怕就怕被藜藿那黄色的5瓣花给欺骗过去，从而错过了花期。从今天起，朝天委陵菜的花开始星星点点地点缀各片湿润的草地了。除了津河沿岸，很多靠近水边的阴湿草地均能看到它们的身影。

朝天委陵菜属于蔷薇科委陵菜属。说到委陵菜属的属下分种，很多人都会感到十二分的头疼，因为这个属的种类太多了，种间的形态差异又并不是那么明显。当然了，在我小的时候，可并不会管什么分属分种，只知道有一种委陵菜有着肥厚的根，形状往往像小老鼠或者，好吧，人参的样子。口渴了，随便在草丛里找到一株，用小木棍尖的一头，不怎么费力就能掘出一棵来，剥掉黄色的外皮——像葛根一样，很容易就剥下来了——里面就是甜美多汁的肉质。有的时候，一株并不能完全填补我的嘴馋，于是更多的委陵菜遭殃了。还有的时候，是几个伙伴一起挖这个东西，通过各种游戏分而食之。

现在看来，小时候的那种委陵菜，似乎是翻白草附近的一种。朝天委陵菜当不属于曾被我们"蹂躏"的那种，因为我始终没有看出它也具有肥厚根茎的迹象；再者现在人也长大了，不再敢于当着人面刨开厚土，从里面捞出一个劳什子就往嘴里塞。

朝天委陵菜是委陵菜家族中较为养尊处优的一个。它的兄弟们中的很多成员都生长在土壤贫瘠、干旱少雨的环境中，适应这种环境形成了深厚的根系，稳固地扎根在土地里——和砂引草一样，这些委陵菜兄弟们也是很好的固沙和水土保持能手。相比之下，朝天委陵菜更喜欢比较温和的人居环境，这里水肥条件都要优越一些，并且周围都是贵族——城市花园的花草树木们。它喜欢阴湿的地段，身体的大部分趴在地上，茎伸得比较长，中段以后开始爬升。是否这就是朝天委陵菜的名字由来？

并不是说朝天委陵菜只有不朴实的品质。它们在春夏之间绽开金黄色的五瓣花，点缀着城市花园里属于草根一族的低矮地面及其附近。它也是群居爱好者，经常召开朝天家的家庭会议，聚集了很多成员——花朵盛开的时候也是相当热闹——绿叶铺成的"绿毯"上满是星星点点的黄色小花，煞是一道风景线！

刺槐位置：校内常见行道树和景观树，见于大中路两侧，楼前屋后等地。

鉴别要点：高大乔木；奇数羽状复叶；花白色；荚果扁平。

豆科 Leguminosae　刺槐属　刺槐 *Robinia pseudoacacia*

　　刺槐的花期比毛洋槐的花期整整晚了一周。毛洋槐的紫红色香味刚刚散去，刺槐黄白色的香味又接上了——除了浓烈的程度以外，两种香味的感觉倒是比较相似；然而刺槐数量和分布密度上的优势似乎在一定程度上又弥补了香味浓烈程度上的劣势——所以校园里的槐花香似乎是要持续挺长一段时间了。徜徉在校园里，你不要费任何力气，只需要稍微抬抬头就能看到刺槐花的风姿。

前文花少量篇幅提到了洋槐。刺槐又名洋槐。"洋"字被用来命名很多舶来品，借以说明它们的来历，像洋碱、洋火、洋铁皮等；类似地，洋槐也是一种"舶来品"。它原生于北美洲，17世纪初被引入欧洲，1877年后才引入中国，现在已经成为广泛分布于亚洲、欧洲等地的树种了。人们看重这种树快速生长的特性，认为它是世界级的重要速生树种，广泛应用于绿化和造林。作为行道树、庭荫树，刺槐树冠高大，叶色鲜绿，每当开花季节绿白相映，素雅而芳香；冬季落叶后，枝条疏朗向上，很像剪影，造型有国画韵味，所以广为人民群众首肯。

　　作为豆科植物，刺槐也继承了家族拥有根瘤菌的传统。我们经常看到老刺槐树靠近地面或者浮出地面的根部有瘤一样的突起；可别小看了这些突起，里面共生的固氮菌对提高土壤的肥力可是立了大功。刺槐适应性很强，对土壤要求不严，最喜土层深厚、肥沃、疏松、湿润的粉砂土、砂壤土和壤土，且对土壤酸碱度不敏感，被大量选作工矿区植被恢复及荒山、荒地绿化的先锋树种。

　　经常叫作"槐"的，还有同样常见的国槐。两者都是豆科木本植物，属于不同的属。由于都很常见，容易被人们弄混。仔细看来，两者的差别还是很明显的：刺槐树皮厚重，颜色深暗，有深而大型的纵纹裂，而国槐树皮色浅，裂纹细微；刺槐树叶根部有一对托叶刺，国槐则没有；刺槐奇数羽状复叶、小叶顶端圆或微下凹、有小刺尖，国槐小叶则为渐尖；另外最明显的，刺槐果实为扁平的瘦弱荚果，国槐果实则为肥厚肉质的串珠状果实；最后，刺槐花开早，花含有丰富的蛋白质、脂肪、糖、多种维生素等营养元素，是人们喜爱的绿色健康食品，也是著名和重要的蜜源花，国槐花则晚开一个月余，一般无人食用。

[5月4日] 凤尾丝兰开花

凤尾丝兰位置： 校内草坪上常见。西区公寓草坪；一食堂前草坪；老图周边草坪等地。

鉴别要点： 多年生草本；叶莲座状簇生，近剑形，顶端有硬刺；花葶高大粗壮，花白色，悬铃状。

龙舌兰科 Agavaceae 丝兰属 凤尾丝兰 *Yucca gloriosa*

凤尾丝兰的花期较长。在它开花的大半年时间里，从来不缺少这样的场景：你经过盛花的凤尾丝兰，碰巧也有另外的人（们）经过，然后你听到如出一辙的赞叹声："哎，看呀，剑麻开花了，多漂亮啊！"在华北及附近，凤尾丝兰困扰人们的时间已经不短了。不知道是科普电视看得太多了还是小时候的课本进行了持续的毒害，很多人一看到凤尾丝兰，嘴巴不由自主地就蹦出了"剑麻"两个字；与此同时，一种模糊的、审之不确的"剑麻"的形象在脑海中浮现，随即昙花一现地凋零——由此可见我们的确需要进行更广泛的、持续的博物学科普啊！

相较于它同属龙舌兰科的兄弟凤尾丝兰来说，剑麻的确够声名显赫的。剑麻的多年生叶里含有大量的优质纤维，这些纤维是当今世界用量最大、用途最广的硬质纤维材料，是航海、工矿、运输各种绳索的原材料，其中尤以航海应用著名。据说剑麻纤维编成的水手绳能够经受海水侵蚀数十年不朽。不巧的是，剑麻是典型的热带、偏热带植物，大都分布在华南、西南省区，在秦淮以北很难露地越冬。园林工作者是不会忽视这一点而花费大气力去维护的。因此，人们忍痛割爱放弃了剑麻，转而选择形态近似的凤尾丝兰作为北地的绿化植物（其实凤尾丝兰的叶片中也含有丰富的硬质纤维）。

凤尾丝兰作为北方地区的绿化植物有着独特的优势：它是多年生常绿植物；绿叶白花，叶形修长，花朵娇美如白色悬铃，花香怡人，花期较长。它的各项耐受性也都很优秀：耐寒、耐阴、耐旱、耐湿，对土壤的要求也不高。对于现代城市人来说，凤尾丝兰广为重视的另一个优点是，它们能够吸收二氧化硫、氯化氢、氟化氢等有害气体。有人做过相关测试，认为凤尾丝兰具有比松柏等更强的毒气耐受性。

当然，对于大部分人来说，凤尾丝兰的耐受性也好、生态性也好，并不必要成为他们知识体系中的构成部分；对于大部分人来说，看过本文之后，再见到凤尾丝兰的时候不至于再叫成剑麻，我们的科普就算成功一步了。

互叶醉鱼草开花

互叶醉鱼草位置：伯苓楼南侧草坪。

鉴别要点：灌木；枝条长，常呈弧状弯曲；花序密集，花高脚杯状，蓝紫色，香味浓烈。

醉鱼草科　Buddlejaceae　醉鱼草属　互叶醉鱼草　*Buddleja alternifolia*

互叶醉鱼草是醉鱼草属里被人们应用最多的种类之一。向来有点反感这个"之一"，不过用在醉鱼草属上面，还是有道理的，因为诸如大花醉鱼草、全缘叶醉鱼草等，也在园林里有了广泛的应用，尤以互叶醉鱼草离我们最近。不知从何时起，伯苓楼南侧的互

坪里引种了3棵互叶醉鱼草。它们开阔的株型和迎春、连翘比较相似，而在春夏间开粉红色的花。花数量蔚为壮观，形成大型条状的花序，远观就如同一串串粉红的"花条（花串）"。醉鱼草也有浓烈的香味，我就是根据它的香味从新图一路追踪过来找到它的。

据《本草纲目》："醉鱼草，南方处处有之，多在堑岸边作小株生，高者三四尺。……渔人采花及叶以毒鱼，尽围困而死，呼为醉鱼儿草，池沼边不可种之。"我暂且相信对于醉鱼草的这个解释。醉鱼草若能麻醉鱼儿，其功效当与曼陀罗等生物麻醉剂类似，也是一味霸道的毒药了。然而早在知道"醉鱼草"其名多年前，我已经和醉鱼草打交道了：小河边有灌木如此，采其叶于掌间蘸水揉碎即有泡沫出来，洗手可净，乡间称之为洗手草。于是很天真地演绎：将来可以不用买洗衣粉了，衣服脏了用这草叶子一洗就干净了，多好啊！那时候并不知道醉鱼草有毒，想来若我是鱼儿，该醉倒在河边了。

我有一位朋友叫爪儿。她说她认养了校园里的一株花，平时女啊儿啊地称呼它，看着它花开花落，春夏秋冬；直到后来才知道原来就是互叶醉鱼草，于是很感慨……认养植物当作干儿子干女儿由此成为不宣的秘密。本科时候我认识一位男生，他每天必经过西南联大新纪念碑旁一株高大的毛白杨，经过时必给它浇水，这样一直持续了两三年。不知道他是否也和这株毛白杨结成了对子：或者是儿女，或者是兄弟，抑或者是父母？

人和植物之间是可以建立某种亲密关系的，观察它的一年四季，认识它，关心它，甚至成为知己，这肯定会是很有意思的事情。我无意东施效颦要去认互叶醉鱼草为干亲，如今互叶醉鱼草又开了，不知故人何如？

[5月5日] 芍药开花

芍药位置： 化学楼前花圃；老图书馆和行政楼之间花圃；西南村居民楼下草地。

鉴别要点： 多年生草本；叶为三出复叶；花大型艳丽；蓇葖果3~5个，顶端有喙。

芍药科 Paeoniaceae 芍药属 芍药 *Paeonia lactiflora*

　　化学楼前花坛里的芍药与樱花园的日本晚樱、马蹄湖的荷花一样，是校内外各路人马的关注焦点。作为物候观测的考虑，芍药也是值得我重点关注的对象。通过经年的观察，很容易粗略地描述出芍药的四季：春季4月份芍药深红色的幼芽从土层下面冒出来；稍后抽茎展叶，宽大的绿叶亭亭如盖；4月底5月初花蕾开始萌发和壮大；5月初开出硕大肥美的粉红色、红色或粉白色花；开花即开始孕育果实和种子；至秋季果实成熟开裂，地面部分开始枯萎；入冬则须剪除地面部分，覆盖以薄土层以保护根部安全过冬；周而复始。

芍药属从毛茛科里独立出来成为单独的芍药科，已经越来越多地被大多数人认可了。在此之前，芍药属一直是各个分类学家（如R.P.沃斯戴和J.哈钦森等）研究的兴趣点之一，他们分歧的要点在于，芍药科是与木兰科更近呢，还是与五桠果科更近。作为植物爱好者和观赏者来说，我们似乎更关心另外一个问题：到底哪个是牡丹，哪个是芍药？它们有什么鉴别特征，该如何去区分两者？这里简单总结为三个区别：1. 牡丹是灌木（木本植物），而芍药是宿根块茎草本植物；2. 牡丹的花朵多为单生枝顶，花径较大，而芍药的花多朵簇生于枝顶，花径相对较小；3. 牡丹一般在4月中下旬开花，而芍药则在5月上中旬开花，二者花期相差半个月左右。中国古代文学里很少仔细进行分类学的考究，对于芍药和牡丹却有令人惊奇的例外。作为中国草本花卉之首和六大名花之一，芍药拥有丰富的称呼：将离、离草、婪尾春、余容、犁食、没骨花、黑牵夷、红药等；牡丹则有另外一套繁复的别名。

芍药具有悠久的栽培历史，据考证汉代长安就有栽培，在晋代已有重瓣品种出现，宋代开始出现品种的分类。盛产芍药的所在，则可以用一句古诗来描述"洛阳牡丹，广陵芍药"，广陵即扬州，直至明代，这里一直都是芍药的栽培中心，而后才逐渐转移到安徽亳州、山东曹州(今菏泽)，后又转至北京丰台一带。历经千年的栽培，人们创造出了无数的芍药品种，各种形态各种颜色，数不胜数。围绕芍药发展起来的（牡丹）芍药文化也是相当丰富，歌咏芍药的诗篇犹如花园里竞相盛开的花朵一样繁多。

芍药自古就作为爱情之花，古代男女交往，以芍药相赠，表达结情之约或惜别之情，故又称"将离草"；现今人们则把芍药推崇为七夕节的代表花卉，称为"七夕情花"。

[5月6日] **白杜开花**

白杜位置：三食堂门口西侧；新开湖东岸；蒙民伟楼小花园内。

鉴别要点：小乔木；聚伞花序，花黄绿色，4瓣，雄蕊4枚；蒴果成熟后假种皮橙红色。

卫矛科　Celastraceae　卫矛属　白杜　*Euonymus maacki*

从三食堂出来，照例看了一眼右侧那株孤独的树。树下稀稀拉拉地洒落了一些紫红色的颗粒。昨晚的风还是发挥了威力，但白杜还是不管不顾地开了。风只吹落了很少的一点儿雄蕊。如今风平浪静了，我得以一睹它的芳容：白杜的每个总花梗上呈二叉地分出小总梗，形成聚伞花序；开花的初期只有花序中央顶端的那朵花先行开放，周围的花蕾胀得鼓鼓地蓄势待发；花呈黄绿色，4个花瓣组成十字形，4枚紫红色的雄蕊从交错的位置伸出来，雌蕊和花柱非常敦实肥厚。花盘上有透明的油状分泌物，引得蝇类纷纷前来——这倒是好事，它们可以为白杜传粉。

　　白杜是它众多别称里较为生僻的一个，很多人听到这个名字，也许没法立即在脑中浮现它的形貌。它的别称明开夜合、华北卫矛同样也是远离人们理解的称呼；还是丝绵木更贴近大家的认识：白杜（以及它的不少卫矛属的兄弟）体内——特别是树皮——含有丰富的硬橡胶。你若见过杜仲的树叶或者树皮就很容易理解了：撕开杜仲的叶片或扯断其树皮，会发现"藕断丝连"的现象——分开的断面上有很多蜘蛛丝一样晶莹柔韧的丝，丝绵木的硬橡胶大致也是如此。因为这个特性，丝绵木的硬橡胶是一种优良的工业材料。

　　其实白杜之于人们日常生活的意义，更多在于它们作为行道树的角色。白杜树形优美，枝纤叶美；开花则满树繁花，虽是一味的青黄色，但也不失淡雅；到了秋冬季节，白杜的粉色的果皮裂开，露出包裹着鲜红色假种皮的种子，并且这鲜红色的假种皮也会调皮地裂开，露出里面红色的种子——乍一看，每一个果实活脱脱一只调皮的金鱼眼，煞是迷人。白杜满树的"红果果"是秋冬季节里一个拉风的招牌（还记得金银木么）。这些红果能够在树上悬挂蛮长时间，引来雀鸟争食，为萧瑟的秋冬增添了热闹的景象。

[5月6日] **沼生蔊菜开花**

沼生蔊菜位置：常沿水岸线分布。小引河沿岸石缝；津河沿岸石缝；二主楼南侧小河沟沿岸。

鉴别要点：一或二年生草本；十字花小，多数，黄色；短角果常稍弯曲。

十字花科　Cruciferae　蔊菜属　沼生蔊菜　*Rorippa islandica*

校园里的水系，仔细清点起来其实并不复杂，从西到东、从南到北依次为：发源自浴园假山、贯通南北与津河连通的小引河，二主楼与大中路之间的连通渠（灵风溪），新开湖，马蹄湖，马蹄湖与津河连通渠，以及环绕校园东、南两侧的津河。无论你沿着水系的哪部分行走，均不难看到蔊菜属的植物。它们往往沿着水陆交界，呈现明显的线状分布。蔊菜属是一年生至多年生草本，常分布于潮湿环境，如河岸、溪边、湖沼等。这是十字花科里较有特色的一个属，具有十字花科花的典型特征：十字花冠，六个雄蕊，四强雄蕊，外轮2枚短，内轮4枚长。

　　沼生蔊菜，顾名思义是蔊菜属里更偏湿生的一种。沼生蔊菜的叶片有典型的二型叶现象，即基部的营养叶片大型羽状深裂或大头羽裂，长圆形或者狭长圆形，而茎上部的繁殖叶则大都是小型，分裂的复杂程度较小，且叶片基部耳状抱茎（像抱茎小苦荬）。很多植物都与此类似，具有二型叶现象——或者是在生长的不同时期具有不同的叶形，或者是在同一时期的不同生长部位具有异形叶片。这种二型叶现象一方面展示了植物界是如何亮丽多彩，另一方面也增加了植物识别特别是幼苗识别的难度。

　　和沼生蔊菜同属的还有另外两种常见的蔊菜，分别是蔊菜（印度蔊菜*Rorippa indica*）和风花菜（球果蔊菜*Rorippa globosa*），它们最大的区别在于角果的形状：球果蔊菜的果实为短角果，球形（故得名）；印度蔊菜的果实则为线形的长角果；而此轮主角沼生蔊菜的果实为圆柱状或者长椭圆形的中长角果。要是仔细观察，它们三者的叶形也有较明显的区别，留待各位自己去发现了。

多花蔷薇开花

多花蔷薇位置：常见于篱笆和围栏处。西区公寓南侧围栏；博士楼9号西侧围栏；21宿南侧围栏；南开幼儿园北侧围栏；西南村居民楼下。

鉴别要点：呈攀缘状灌木；花小而多聚集成团，花粉红色，芳香。

蔷薇科 Rosaceae 蔷薇属 多花蔷薇 *Rosa multiflora* var. *cathayensis*

过完"五一"，校园里很快换成长裙飘飘的季候了。气温持续上升，阳光也慢慢变得有点儿炙人。如果说西府海棠是春熟的讯号，那么多花蔷薇应该是夏来的先遣了吧。早晨迎着阳光出门，西区公寓外围的铁栅栏上多花蔷薇略带羞赧地开放了；来到21宿对面，发现草地旁围墙上的也开花了；到了南开幼儿园的边上，这里作为围篱的多花蔷薇也在盛开：它们大概在昨天晚上就约好了今天早晨一起迎接朝阳的吧……

蔷薇属的植物在我们身边并不少见，如广大人民群众喜闻乐见的玫瑰、黄刺玫、各色的月季、各色的蔷薇等，其中光是月季的培育品种就多达七千余种，令人眼花缭乱、目不暇接。种类和品种多了，就不由得要问：到底哪些是玫瑰，哪些是月季，哪些是蔷薇呢？严格的区分这里不打算介绍了，但不得不提的一点是：花店里卖的所谓"玫瑰"其实都名不副实，清一色地都是月季，各色的月季！真正的玫瑰在城市花园里种的相当少，花形花色也不如月季那么娇艳多变，但是花香浓郁。

我们今天看到的多花蔷薇属于温婉的一派。它们疏条纤枝，修长的蔓生枝条婉转延伸、横斜披展，往往可以铺开十好几到好几十平方米。由于这一特性，人们喜欢在房前屋后种植，让它们攀上外墙进行垂直绿化；或者种在花棚、花架、围篱边上，形成蔷薇花篱。

多花蔷薇，顾名思义，就是开花数量特别多。它们往往好几朵到十来朵花开在枝端，出则花团锦簇，退则落英缤纷。多花蔷薇花香四溢，盛花时节，满园飘香，四里可闻；花香怡人，弥久不腻。人们喜欢采集玫瑰花瓣提取香精，喜欢采集月季花瓣滴露养颜，也喜欢采集蔷薇花瓣泡茶制饮。简单几片蔷薇花瓣，如扁舟般宛然漂在水面，香味随乳白色水雾蒸腾，好一派清闲境界！

多花蔷薇花开，初始时为壮硕肥厚的花蕾；初开则色如凝脂，鲜艳厚重，且香飘四溢；开久则香消形殒，笑颜惨淡；不几天后，凄然凋零，化作春泥。花的生命几乎无一例外地短暂，却是长久孕育的结果。古人常有咏吟花落无情、花落凄凄的诗篇辞律，无一不是慨叹生命无常、年华易逝，但我要恭喜这花儿。客观来说，大部分植物终其一生，最大的宏愿就是能够开花结果、产生可以萌发的种子，将自己的基因顺利传递下去；若没有花朵的枯槁凋谢，哪里来的果实和种子？！因而，我要恭喜它们，不为别人的喜怒哀乐而开，而为自己的生命绚烂而开，为自己内心的目标而开，从始至终，矢志不渝。

白车轴草开花

豆科　Leguminosae　车轴草属　白车轴草　*Trifolium repens*

　　从新图书馆出来，伸了一个大大的懒腰，外面的空气独好！敬业广场那边传来小朋友的欢呼声："妈妈，看，四叶草！"

　　奔走于新图书馆和范孙楼之间的日子里，总要经过那片郁郁葱葱的白车轴草铺成的绿毯。前一阵天气不好，总是恹恹的，便也没太过来看她们。几天不见，难道她们有了新的容颜？我快步拾级而下，远远就闻到一阵淡淡的清香。"啊，四叶草开花了！"我忍不住感慨。

　　白车轴草这个名字对于一般民众来说显得有点儿陌生。它可能得名于叶片的形态：叶柄像盾一样着生，叶片上有白色花纹，形成车轴一样的形状。

　　白车轴草的另外一个名字传播更加广泛：三叶草。说到三叶草，不得不提的就是四叶草。其实四叶草这个俗名指的植物大概有三类：一是白车轴草为代表的车轴草类，二是以酢浆草为代表的酢浆草类，三是属于蕨类植物的田字蘋（蘋*Marsilea quadrifolia*，读作pín，蘋科蘋属）。同为"四

叶草"，却有不同的意义：前两者其实都是三叶草，绝小比例出现四叶的，其实是一种变异。对于白车轴草而言，据说比例是十万分之一（酢浆草的比例应该更小）。正是由于这个十万分之一，白车轴草在四叶草领域占了绝对的优势，被人们热烈地冠以"幸运草"之名。

幸运草的寓意几乎是全世界通用的：第一片叶子代表幸运，第二片叶子代表希望，第三片叶子代表爱情，第四片叶子代表幸福。其实，这所谓的寓意和5瓣紫丁香的寓意大同小异，无非是代表了人们对于美好事物的向往和期待之情。尽管如此，人们还是乐意在大丛大片的三叶草里寻找四片的叶子，乐此不疲。

三叶草的变异有时候被放大了，成为具有遗传性的变异，就有可能成为基因突变了。这种情况下，你甚至能够看到一大丛的四叶草，幸福之感顿时满溢。不过有的时候也会出现误会，比如有人看到一大片田字蘋，清一色的四片叶子，于是大呼幸运女神送来了青睐。其实田字蘋所有的叶子都是四片的。市面上很多卖关于四叶草（幸运草）的饰物，大部分都是用田字蘋制作的。

白车轴草被赋予如此崇高的寓意和被戴上了至高的光环，但这丝毫不影响它平凡地活着。它最初是作为优良的牧草被人们发现的，进而成为都市花园草坪绿化的骄子。白车轴草能够适应比较贫瘠的环境，并且绿化效果很明显。作为地被植物，光环往往是归于更加高大的乔木、灌木或者更加鲜艳美丽的花卉植物的；但这种光鲜下面，少不了白车轴草这样的地被植物作为陪衬。也许高高在上的花儿们不知道，被它们埋没在下面的，竟然就是大名鼎鼎的幸运草！

幸而，小朋友们都有一双善于发现美的眼睛。若身为四叶草，当也感到分外欣慰吧。

[5月12日]　**刺儿菜开花**

刺儿菜位置：校园内荒地常见。南开附中；西南村居民楼下草坪；津河沿岸；蒙民伟楼小花园。

鉴别要点：多年生草本；茎直立，上部分枝；叶缘有针刺；头状花序紫红色。

菊科　Compositae　蓟属　刺儿菜　*Cirsium segetum*

　　刺儿菜开紫红色的大型头状花序，是比较美艳的一种花。自从南附中搬迁出去之后，原来的操场逐渐荒废下来。这样倒好，来这里的少了，绿化部门也不需要来修剪，倒是为很多野生植物腾出了空间。骑车的日子，我喜欢步行穿越这片繁华不再、空旷安静的操场，向这的植物和小动物们问候。今天的惯行漫步中我向刺儿菜说了早安。

　　操场及周边萌生出来很多野生植物：刺儿菜、白茅、乳苣、西伯利亚蓼、球果蔊菜、地肤、田旋花……还包括被定性为华北地区入侵植的黄顶菊。这里还没有废弃的时候，你如何仔细搜寻都看不到它们的子；荒废才不到一年，这些东西仿佛变魔术般全冒出来了。土壤种子库在中间应该发挥了不小的作用！

　　刺儿菜是这些野生植物中极为常见的。刺儿菜是名副其实的野菜之一，它们叶片的边缘往往有芒刺状的结构，若不经意被扎一下，会冷不丁疼得一大跳。它很实在，明明告诉了你，我是有刺的，别碰我。可是这种告诫似乎并没有起到足够的作用，人们还是乐意以身试险去触碰它。当然了，大部分人不是因为它花娇美，而是因为——好吃！刺儿菜的嫩茎叶是可口的野菜，入沸水焯一下后洗去苦味，就可以加工成各种菜肴，着实不差。它们的根也是民间喜爱的一种食疗食物，具有凉血、止血的功效。根的炮制方法很生活化，就是挖起来晾干了，当作佐料跟肉一起炖着吃。

　　说到吃，人们总是能够发掘各种野菜的各种吃法。有时候我就怀疑，所谓的百草都是中草药，也许未必见得就是中草药，而是能吃；但是又要为吃找一个理由，于是就形成了各种疗效的说法（特别是非治疗性的疗效）。对于我来说，似乎更喜欢它们作为观赏对象的角色属性。敢于冒险接近，也多是为了拍到更清晰可人的花。

　　刺儿菜在各种生境中都很常见。它们是多年生植物，而且雌雄异株，这就产生了一个问题：若某地只有雄株而没有雌株，那它们怎么繁殖呢？有机会挖起来刺儿菜的根仔细看一看，你就不必为之担心了。它们有发达的横走蔓延的根茎；入冬后地面部分枯萎，第二年会从根茎上长出更多新的植株。我曾见过很大一片刺儿菜形成的单优势群落，清一色全部是高达1米多的刺儿菜，底下几乎没有其他的植物能够生存——它们的这种霸道的圈地方式，着实令人惊叹。在这些刺儿菜里面，我是看到过有雌株的，所以到底它们更多地依靠种子繁殖，还是依靠营养繁殖，我还是没有搞清楚。

[5月13日] **萹蓄开花**

萹蓄位置：校园内草坪和湿地常见。西区公寓草坪；附中操场；津河沿岸；行政楼南侧草坪。

鉴别要点：一年生草本；叶椭圆形，光滑，全缘；花生于叶腋，小型，5瓣，淡红色。

蓼科 Polygonaceae 蓼属 萹蓄 *Polygonum aviculare*

附中操场的白蜡树荫下分布着由野牛草和萹蓄组成的密集的草坪。野牛草是嫩黄的绿，而萹蓄是浓郁的绿，两者镶嵌在一起相得益彰。昨天早晨看刺儿菜的时候就看到萹蓄的花蕾膨大了。正好昨天没有带相机，今天过来补拍刺儿菜的照片，正好顺便看看萹蓄花开了没有。很遗憾，它们似乎刻意为难我，只是零零星星地开了几朵让我看。呵呵，"看花随缘"，这句话是多么正确啊。

　　尽管如此，我还是乐此不疲地趴在草地上好好研究起来。想要从萹蓄身上找到花朵是一件费心的事情。若你不多加观察，很可能连它们的花期过了都还没反应过来。它们开洋红色的微型花朵。若用放大镜仔细端详，也是5瓣的小花，花里面也是应有尽有，真可谓"五脏俱全"。和平常所见的"花儿"们相比，你甚至有拒绝承认它是花朵的冲动。但是大自然的确又是这么神奇，它把花儿订制得比较娇小的同时，赋予了其他花朵无法比拟的精致。

　　从萹蓄身上，可以很容易看出蓼科植物共有的一个特征——膜质托叶鞘——这同时也是最为分类学教学津津乐道的一个特征。这个结构位于叶子长出来的地方即叶柄的基部，也是茎分节的所在。萹蓄是非常容易得到的蓼科植物，它的膜质托叶鞘也非常明显，所以把萹蓄作为教材其实也还是不错的选择。

　　萹蓄是蓼家里五短身材的一个，一般也就20厘米。萹蓄也是群居性植物，春夏间若有一大片萹蓄，所能营造的绿油油绝对是一道清新的风景线。萹蓄的叶片长椭圆形，表面光滑，质感非常好。人们曾在夏天赤着脚踩在一大片萹蓄幼苗上，丝丝滑滑的，倍感清凉，于是给它赋了一个名字"清凉草"。

[5月13日] **巴天酸模开花**

巴天酸模位置： 附中草场；西南村沿河；津河沿岸；行政楼东侧草坪。

鉴别要点： 多年生草本；整体呈塔形；花小型；瘦果具3棱。

蓼科 Polygonaceae **酸模属 巴天酸模** *Rumex patientia*

　　从附中操场出来，穿过西南村菜市场就来到了西南门；在崇明桥头转下去，就进入津河沿岸的植物多样性小区。在这里再次回顾了天目琼○和新疆忍冬晚开的花，早开的花已经孕育出果实了。在它们附近，巴天○模分散站立着：处于花期的巴天酸模拥有下宽上窄的身段，每一株都像一座独立的塔。巴天酸模的花比萹蓄的花稍大，黄白色为主，并不显眼。

　　与萹蓄相比，蓼科的其他植物总给我体型巨大的印象：大的像虎杖○杠板归，稍小的如各种大黄，然后就是酸模类。也难怪，每次和蓼科○

成员相见，都对如此大型的植物印象深刻。这里有几个小片段是和对它们的认知有关的：

　　第一次见到虎杖是多年以前的事情了：我的鼻子几乎碰到了上面的紫红色斑点，才发现这株植物如此特殊。它的每一个节都那么粗壮，纹着红色的文身似的；叶片是一如既往的宽阔并且带着些许肥厚。我终于看清了所谓"膜质托叶鞘"这一蓼家族的统一痕迹。之后不久跟朋友去了一趟百花山。我们在百花草甸上看到河北大黄如花般灿烂的基生叶，一下子懵了头：这是什么？！好友家蓉懵懵懂懂地猜了一个：大黄吧？回来查图鉴，果然就是大黄家族的成员！即将开花的大黄，拥有和它体型相称的硕大苞片包裹的花蕾序，格外雍容华贵！第三次看到的就是酸模了。我领着一群学生在山西的一个保护区出野外，营地周边随处可见巴天酸模、锐齿酸模、齿果酸模……长势好的地方，到处都是大型如同灌木般的酸模，孤单地挺立着。这回小孩们再也抑制不住要吃的欲望，不管三七二十一采摘了酸模幼苗的叶子回来放到锅里熬野菜粥……那味道，又酸又涩，现在回味起来都还后怕。

　　从那以后，对于巴天酸模我保持着一份戒心，以为这东西是没人吃的角色了。然而没过几天，当我潜伏在草丛里耐心等待红眉朱雀出现时，听到不远处窸窸窣窣的声响。抬眼一看，一只胖嘟嘟的花栗鼠正骑在一大长束巴天酸模果序上，津津有味地品尝它的果实。那一带的巴天酸模都长得快两米高，光是果序就有80厘米，被花栗鼠敦实的身体压弯了，却又没有折，于是在半空中摇摇晃晃、摇摇晃晃，我就这样盯着那只花栗鼠悠哉乐哉地享用它的美餐，嘴里不由自主蹦出一句：Every Jack has his Jill！

楝树位置: 蒙民伟楼东南侧与东村之间,仅有一棵。

鉴别要点: 高大乔木;叶为2~3回羽状复叶;花瓣淡紫色,雄蕊管紫色;核果椭圆形,似橄榄。

楝科 Meliaceae 楝属 楝树 *Melia azedarach*

在津河边发现楝树纯属偶然——和发现毛樱桃的经过如此相似——我在津河边拍巴天酸模的花和果实,被楝树的气味吸引,抬头就看见了掩藏在角落里的它。楝树在北方较少,应该也是最近几年才渐渐引过来的。和它的南方兄弟一样,楝树依然绽开着淡淡颜色的花,一如地浅浅笑着。楝树的花很有特点,它们白色的花瓣一般为5瓣,相当于雄蕊的部分形成了一个紫色的雄蕊管,雌蕊则在这个管子里装着。

　　棟树对于我来说并不陌生——甚至可以说，我们的童年是在棟树的陪伴下度过的。小时候家附近很多这种树，到了春夏之间就会开紫色和白色的小花，花有一种淡淡的香味，或者是别的气味，根据不同人的嗅觉敏感程度而有不同。对于棟树的花，我有一种不能忘却的不喜，因为每到开花时候就有一种小飞虫爆发。这种小飞虫总是绕在你的周围经久不去。老人们说，这种虫子会带来疾病……可是小孩子到底还是记忆清浅的动物，等到棟树的果实长成，我们早把小飞虫的故事抛到脑后了。果实长成的季节，是我们疯玩的季节。棟树的果实不能吃，但却是游戏的上好材料。棟树的果实为长椭圆形，像枣或者小型的橄榄。我们爬上树，撸下来大把大把的棟树果实，或者直接用来扔人，或者作为弹弓的子弹，展开小队之间的鏖战。质硬的果实打在脑袋上有清脆的撞击声，虽然疼，可更多的是烂漫的笑声。棟树的果实成熟后，外层的果肉并不算贫瘠，这成为蝙蝠的大餐。我们经常可以看到树下被啃得参差不齐的白色果核。

　　从那时候开始，我的脑袋里似乎就存下了这样一个书签：棟树只在南方有，北方是没有棟树的。人总是容易有这样的状态，轻信自己的成见，并且顽固地拥有它。我的这个成见直到去年在天津的南翠屏公园看到引种的棟树才被打破，当在南开的角落再看到它时，惊异程度不亚于当年发现阿拉伯婆婆纳。

　　棟树又叫苦棟（谐音"苦恋"），是三大爱情树木之一（另外两个为相思和合欢）。这三大爱情树以此顺序排列，大概代表了爱情发展的三个阶段吧。再一次感慨人们想象力的丰富。

[5月13日] 柿树开花

柿树位置： 新学活西侧；西南村广场周边；北村居民楼下草坪。

鉴别要点： 高大乔木；树皮色深，呈块状分裂；老叶有光泽；雌雄异花；果即为柿子。

柿树科 Ebenaceae **柿属 柿树** *Diospyros kaki*

作为果树，柿树在行道树中出现很少；在校园里也只是在居民区有零星栽培。每次带大家看花草树木，我总喜欢开玩笑说：看，它们现在开花了，你们可得记住它们的位置，过一阵过来偷果子吃哦。记住位置和偷果子吃倒是其次，要是能够因此加大对植物的关注力度，对它们的了解也就会加深。这一伎俩屡试不爽。西南村的柿树开花了，它的花圆乎乎的，质感像瓷娃娃一样。

柿树原产中国，栽培历史悠久，无论南北都很常见。在我们那里，柿子的一年都和孩子们有关：还是小柿子的时候，夭折凋落的柿子果实圆实均匀，顶端有一个小刺尖，穿上一根火柴梗就成为一个陀螺。孩子们在树底下扫出一块平地，就可以进行陀螺比赛。等到夏天柿子长大成型了，青柿子放在石灰水里泡几天就能去掉涩味，成为脆柿子。成熟的柿子放在草堆里捂几天，就成为软柿子。若将柿子削皮蒸熟晒干，就成为柿饼。就算不理不睬，让它在树上自然熟透，也是很好的美味。柿子美味多汁，含有丰富的胡萝卜素、维生素C和钙、磷、铁等矿物质，无论生吃还是加工为软柿子、柿饼都是香甜爽口的食品。

关于吃柿子有一个故事，发生在我小时候的某个夏天。我家邻居有一位老爷爷，有天中午干活回来，难耐天气炎热，于是爽快地连吃了好几个脆柿子。吃完没多久就感觉胃痛异常，赶紧送到医院，经过手术急救才安稳下来。这个事情给了家长们一个理由禁止我们吃柿子：吃柿子会得结石。那时候心里虽然不服，鉴于案例就在身边却也不敢造次。后来才知道，柿子、特别是未熟透的柿子含有大量的鞣酸；鞣酸经胃酸的作用就会沉淀凝结成块留在胃中形成"胃柿结石"。胃柿结石会像水壶里的水垢般愈结愈牢、不易粉碎，急性时能引起胃黏膜充血、水肿、糜烂、溃疡甚至胃穿孔。所以医生建议要吃熟柿子以及不要空腹吃柿子，这样看来大人们的告诫有时还是有道理的。

柿树叶在秋季成为霜叶，火红的柿子叶总能给庭院带来别样的色彩。在秋季，一些人家并不收获柿子，而留给南迁经过的鸟儿们作为粮荒补给。这种朴素的"布施"给鸟类增加了许多生机，被生态学家们认为是很有意义的举动。

[5月16日] **乳苣开花**

乳苣位置：校园内荒地上常见。附中草场；津河沿岸；老图门口草地。

鉴别要点：多年生草本；茎叶有白色乳汁；头状花序排成宽圆锥花序，花紫色。

菊科　Compositae　乳苣属　乳苣　*Mulgedium tataricum*

南开花事

192

菊科的植物根据形态、性状又可细分为管状花亚科和舌状花亚科。后者头状花序里面所有的小花都是舌状花，仔细观察可发现每一个舌状花顶端均分为5个分裂，犹如5个小牙齿；植株体内大都含有乳汁。乳苣即是舌状花亚科的一个典型代表。你只要轻轻撕下它们的一点儿叶片，在伤口处就会慢慢流出白色的浓浓的乳汁。我们身边具有这样现象的还有蒲公英、苦苣菜、苣荬菜、莴苣等。

　　关于植物的汁液，我们也注意到萝藦科的萝藦、鹅绒藤，夹竹桃科的罗布麻、夹竹桃，大戟科的乳浆大戟、泽漆，罂粟科的白屈菜、虞美人等均为带有乳汁的一族，只要撕破其茎叶均可流出汁液。不管流出的乳汁是白色的还是黄色的，都在提示一个信息：我们是有毒的，不要惹我们，不然你会后悔的！

　　植物的有毒无毒需要严格鉴定，不能仅根据一个性征就武断下结论；根据乳汁来进行毒性判断，并非完全可靠的办法，但至少是一个提醒：在野外环境见到有乳汁的陌生植物，最好不要冒险食用。

　　以乳苣为代表的舌状花亚科的多种植物却都是美味的野菜，并且长期为人们喜爱，比如蒲公英、苣荬菜、山莴苣等。乳苣还有一个别称叫作紫花山莴苣，顾名思义，它们开紫色的花，多朵花形成大型的圆锥状复花序。这种喜欢群居的植物大片大片聚集生长在一起，不约而同地在春夏之间开花，那场景可以用"如梦幻般的紫罗兰色花毯"来形容。好吧，我承认我对花有不可救药的崇拜和迷恋，这种"控"估计在短时间内是不会改变了，所以你们还要继续忍受我对于花儿的各种不恰当的、莫名其妙的比喻和联想。

火炬树开花

漆树科 Anacardiaceae　盐肤木属　火炬树　*Rhus typhina*

　　火炬树是近两年栽种的，目前只在新学活西侧的草坪。火炬树开花了，是黄绿色的花，大量的花形成大型的花序，如同火炬一样。诸位肯定奇怪了：怎么会有黄绿色的火炬呢？若不是，火炬树的名字是怎么来的呢？这个问题暂且放一放，留作一个小悬念。

　　生物界有一种现象，叫作"生物入侵"。所谓生物入侵，大致是说一个物种从原生长地到达一个新的生境，并极度适宜新的生长环境从而大量繁殖蔓延，甚至侵占了当地原有乡土物种的生态位。生物入侵有几个特征值得注意：一是入侵物种极度适应入侵所在地的环境，大量生长繁殖和蔓延；二是入侵物种几乎没有天敌，被采食或限制的可能性较小；三是入侵物种具有绝对优势的竞争力，会对当地乡土种的生存造成威胁。自然界里本来就存在生物入侵现象，但是相对温和；由人为因素引起的生物入侵则具有更大的破坏性，甚至带来毁灭性的生态灾难。近年来国内遭遇过不少生物入侵之灾：南方的凤眼莲、紫茎泽兰、加拿大一枝黄花，北方的黄顶菊、豚草等（只列举植物生物入侵）。

按照这种先入为主的行文习惯，也许你要肯定地说今天我们要介绍的火炬树就是入侵物种了。其实不然。火炬树原产北美，自1959年引入中国以来，在国内有了很大的推广蔓延。它是一种根系发达、萌蘖性强的植物，能够在成株的周围萌发大量小植株，以此方式扩展延绵，几年就可以将周围的一大片地方覆盖。它的这种特性对于不毛之地的废弃地而言是一个福音：在这种地方什么都不能生长，有火炬树总比什么都没有好。对于本来就有乡土植被的地方，火炬树绿化就需要慎重考虑了。所以说，即使是生态入侵也应该用相对的、发展的眼光来看待，不能一概而论。

前文留了一个悬念：火炬树因何而得名？原来火炬树得名于它火红色的成熟果序，如同火炬一样。到了深秋，火炬树的枝端挂着火炬一样的果序，加上火红的秋叶，的确是上好的美景。由于它耐干旱、耐贫瘠、耐盐碱，近年来在华北地区应用很多。人们在高速公路、矿山沿线广泛种植火炬树，除了绿化之用，营造景观也是重要的考虑。秋季在沿线都是火炬树的地方行车绝对是视觉上的一大福利！

[5月18日] **臭椿开花**

臭椿位置：校园内常见行道树和景观树。主楼西北侧；大中路南侧草坪；蒙民伟楼小花园、行政楼东南侧草坪。

鉴别要点：高大乔木；奇数羽状复叶；花黄绿色，不显；翅果长椭圆形。

苦木科　Simaroubaceae　臭椿属　臭椿　*Ailanthus altissima*

　　在一个地方看植物的时间长了，有时候也可以不依靠形态上的特征就能够知道是什么植物，比如，依靠气味。紫藤、西府海棠、紫丁香、多花蔷薇……都有特征显著的气味，可以很容易被觉察和识别。晚上回宿舍的路上，突然闻到一种特异的气味，我想：不会是臭椿开花了吧？转天早晨一看，果然是它！臭椿的的花也是黄绿色的，很多花组成硕大的花序，看着倒也还显眼。

　　说到臭椿，不可避免地又到了名词辨析环节。和臭椿同样常见且深入人们的生活的还有香椿。也许是由于名字里都有"椿"字，人们习惯

南开花事

196

臭椿 *Ailanthus altissima* 197

于把它们当成相似的东西来看待，这一习惯性看待又带来了植物种类的冤假错案。说到臭椿和香椿的冤假错案，最早的肇事者不在我们，而在上帝他老人家。据说上帝给植物起名的时候，给了臭椿一个heaven tree（或tree of heaven天堂之树）的至高名号。香椿一听委屈得眼泪都下来了：这个名字本来是打算给香椿以褒扬它的清香高洁的，上帝一时脑筋短路误把它给了臭椿；臭椿那么臭，还得了如此崇高尊贵的名字，这都哪儿跟哪儿啊？！香椿也有点儿小心眼，越想越气，最后把肚皮都气破了，所以我们现在看到成年香椿树，树干上的树皮都是皲裂的。

这当然是一个传说，却很朴实地揭示了它俩之间一个重要的形态学特征：树皮的分裂与否。臭椿的树皮一般不裂，而香椿的树皮是大片剥裂的。另外，两者还有一些明显的区别：1. 臭椿为苦木科植物，香椿为楝科植物，两者的分类地位不一样；2. 前者为奇数羽状复叶，后者为偶数羽状复叶，这个特征需要观察成年树的树叶才靠谱；3. 前者果实为翅果，扁平窄小，后者的果实为椭圆形蒴果，长得很像橄榄或枣；4. 人们一般采食后者的嫩芽，而不喜前者，所以房前屋后庭院里种的，一般都是香椿而不是臭椿。

说是臭椿，其实也有冤枉。臭椿只有开花的时候，并且是晚上，那种浓郁的气味才明显，而且并不是通常理解的恶臭，而是有些腥味。平时若是想闻到臭椿的味道，除非你仔细找到它的小叶叶基部的那些瘤状的腺点，然后用指甲掐开，流出来油状的液体有花生油的气味，其实是很好闻的，而并不显得是臭。后面说到的这个腺点，其实也是臭椿和香椿的一个重要区别哦。

黄金树开花

紫葳科　Bignoniaceae　梓属　黄金树　*Catalpa speciosa*

　　黄金树大型的白色花及其大型花序，在很远的地方就能看出来。每次都是先看到新开湖东岸那株黄金树开花了，才猛然想起校园里还有这样一种植物。校园里只有三株黄金树，分散在不同的地方，其中数新开湖的这株最高大，位置也更显著。

　　我总觉得，一种植物如果拥有如此霸气的名字，要么具有常不能及的株型，要么具备绚丽多彩的叶片，要么能盛开惊艳脱俗的花朵，要么能成结出硕大无朋且气香味美的果实。用这些标准来对照黄金树，却不免有点儿失望，因为它的这些性状都表现平平，可圈可点之处甚少，我不知道为什么人们给它冠名"黄金"。直到去年的深秋，一场劲道萧瑟的秋风扫过之后，带点儿清霜的寒冷早晨，响晴天的斜斜朝阳从树叶缝隙中透过的时候，我才看清了黄金树那镶着金边的黄叶是何等的灿烂，难以言表。我想，该不是黄金树的命名者也同我一样，在一个经典的时刻，邂逅了一幅经典的画面，灵感大发，想到了这样一个如神来之笔般的名字吧。

黄金树是紫葳科里离人们的生活比较接近的一种。其实紫葳科的植物大家并不陌生：凌霄，舒婷笔下那株高洁的凌霄花；梓树，和桑树共植于房前屋后，向来是羁旅游子无法释怀的乡愁寄托；另外楸树也是在北方栽植较多的行道树和景观树；……它们共同的特点是具有唇形花冠，比如凌霄的火热嘴唇般的花冠。紫葳科的花有多于两个的雄蕊，但通常只有两个具有繁育能力，其他的都退化了；而黄金树的雄蕊生长在花筒的里侧，2长2短，巧妙地把雌蕊的花柱保护在中间。这种绅士式的保护圈，是花朵世界的一种温情洋溢的体现；可谁又能否认，这同时也是植物保持纯种基因的自私的做法和机制。

黄金树的观赏点，除了它高大潇洒的树形、宽阔飘逸的树叶、大型娇艳的唇形花以外，还有独具特色的绝似豆角的长条形蒴果，远观如挂了一树的豆角干。黄金树的果实成熟以后，蒴果裂开，会看到里面密密麻麻躺满了饱满的长条形种子，每颗种子的头上，还装饰有雪白如银丝般的种毛——就像裹着白羽绒衣帽的小朋友们挤在婴儿床中那样。

[5月18日] **金银花开花**

金银花位置： 西区公寓草坪下花棚；西南村居民楼下草坪；西南村广场北侧；东村居民楼下草坪。

鉴别要点： 半常绿藤本；花色先白后黄；果成熟后黑色。

忍冬科　Caprifoliaceae　　忍冬属　金银花　*Lonicera japonica*

同为忍冬属的植物，金银花与金银忍冬、新疆忍冬在形态上的差别非常显著，花期上也有明显的不同：前者比后两者晚了二十多天。眼看着金银忍冬和新疆忍冬的花开了又落了，果实也慢慢长大了，金银花才羞涩地绽开：西区公寓、西南村、东村，无论哪一处的花架或围篱上。花初开时有馥郁的花香，同样也可以从香味上进行识别——这个时段，除了臭椿那特征明显的气味以外，也就数金银花的气味最为明快了。

金银花是典型的缠绕型藤本，须借助其他物件来支撑长而柔软的茎，不然只能随意地铺撒在地面。它的叶片略带革质，颜色浓郁；新生的叶片常分泌糖分，吸引了很多黑色的蚜虫前来聚餐。若你凑近了看，可以看到饮醉了的蚜虫使劲把肥硕的尾部翘起来，然后有节奏地摆动——十几只同时摆动，如同做早操般……

金银花和金银忍冬的花一样，先"银"后"金"，有时候能见到同一花梗上的两朵花—"金"—"银"，煞是好看。两者的花蕾都可入药，是人们喜欢的金银花茶的重要原料，不过常以后者的花蕾更加为人们喜爱。金银忍冬花的有效成分为总黄酮类化合物和绿原酸，在提高免疫力、解热、抗炎等方面有较好的效果。也许是这个原因，老百姓开始一股脑地去采集金银花的花蕾——凡事有度，物极必反，这样一来，我们反而没有太多机会看到金银花了。

不同于金银忍冬，金银花的果实成熟以后呈黑色。到目前为止我还没有看到什么鸟会取食它的果实，不知道它是否也会坚持到冬天。金银花和金银忍冬，都是"金银"，都是"忍冬"，到底也有不同，这就是自然界的法则吧。

西伯利亚蓼开花

西伯利亚蓼位置：南开附中草场及周边；省身楼南侧河岸。

鉴别要点：多年生草本；叶全缘，背面灰白；圆锥花序顶生，花小，黄绿色。

蓼科　Polygonaceae　蓼属　西伯利亚蓼　*Polygonum sibiricum*

南开花事

202

蓼属的种间形态差异还是比较明显的，所以在第一眼看到西伯利亚蓼的时候，几乎不怎么费力就把它的名字从记忆数据库里挑出来了，并且贴上"西伯利亚蓼"这个名字标签；在这之前，我浏览过它的图片，只是不求甚解地看了看。很多时候，会有这样的类似巧合：你看到一种素未谋面的动物或者植物，脑袋里下意识地浮现出一个名字；后来的确又证实了那个东西确是脑袋里浮现的这个名字。这种惊喜无可名状。

　　校园里的西伯利亚蓼出现在南开附中操场周遭，近来也在敬业广场的花坛里发现有分布。它是多年生的草本植物，体型矮小。地面上的部分并不起眼；花是草绿色的花，也很小；倒是叶片相对突出——叶片略显肥厚，手感很好，叶片的表面有一层灰白色的附属物，在绿色叶片的映衬下成了半透明的蓝灰色，增加了一种朦胧的神秘感。

　　西伯利亚蓼在我国分布较广，东北、华北、西北均常见它们的身影。它们喜生于盐碱荒地或沙质的含盐碱地，这使得它们被园艺工作者看中，用以培养适应盐碱环境的绿化植物。作为一种乡土植物，西伯利亚蓼显然有优于外来植物的优势：它能快速适应环境，经过精细应用和配置，也能营造较好的景观。在植被恢复和重建中大胆地尝试乡土物种，可以成为园艺工作者和生态恢复实践者的制胜法宝。

　　在中国，在大街上随便碰到一个人居然就是认识的，会有点儿奇怪；而在山里随便见到一种植物说它能吃（能入药），那就一点儿都不奇怪了。西伯利亚蓼虽然形貌平庸，也名不见经传，仍然被我们的老祖宗挖掘了出来。人们研究它的药性，发现它在疏风清热、利水消肿方面有较好的疗效，对于目赤肿痛、皮肤湿痒也能起到一定的作用。

[5月20日]　**石榴开花**

石榴科　Punicaceae　石榴属　石榴　*Punica granatum*

　　我知道樱桃因味美成为人们果盘里的宠儿,作为同属兄弟,毛樱桃是什么味道呢? 带着这个好奇心,我打算下午去北村"偷"毛樱桃吃——虽然是开玩笑,我确实想尝一尝毛樱桃是什么味道。结果很不巧,毛樱桃都还是青红不接的样子。"偷吃"未果,索性在北村逛一逛。一逛不要紧,发现了乳浆大戟和连钱草的植株,还发现了一种不认识的十字花科,并且看到石榴已经开花了。石榴花分单瓣和重瓣。

它们的重瓣花和其他植物的重瓣花一样，雌蕊或者雄蕊异化为花瓣状，因而大多不育。可育的花则孕育出美味的石榴。北村看到的石榴都是住户栽培的重瓣种，一律大红色，艳丽异常。

石榴原产伊朗、阿富汗等中亚地带，即古代的安息国。安息国又叫帕提亚帝国，是伊朗古代奴隶制国家。另一种说法认为，石榴原产地有安国、石国等国家，西汉张骞出使西域，得种而归，栽植中原，又名安石榴。不管哪种说法，有一个信息是可以确定的，就是石榴并非中土所产，而是来自西域地区。

现在石榴已经成为大江南北广泛种植的花卉和水果植物了。石榴大多为灌木，也有长成为小乔木的。它们的嫩枝有棱，多呈方形，这是一个很有特色的特征。多数石榴树或多或少有刺，"旺树多刺，老树少刺"，非常有意思。我们吃的石榴是种子的外种皮部分——它们的外种皮肉质肥厚，鲜美多汁，酸甜可口，且富含维生素C，是水果中的上品。石榴因色彩鲜艳、籽多饱满，常被用作喜庆水果，象征多子多福、子孙满堂。此外，石榴果皮还有杀虫、收敛、涩肠、止痢等功效，也是一味中药。

石榴是西安市市花。关于石榴的掌故，相信为人们津津乐道的不在少数。如：石榴花的花神是大名鼎鼎的镇宅圣君钟馗，你能看到民间所绘的钟馗画像耳边都插着一朵艳红的石榴花，象征他火样的性格。另外，古代妇女所穿的红色布裙就是用石榴花中提取的染料染红的，因此人们也将红裙称之为"石榴裙"，久而久之，"石榴裙"就成了古代年轻女子的代称。今天我们形容男子被女人的美丽征服，就称其"拜倒在石榴裙下"。

[5月20日]   **暴马丁香开花**

暴马丁香位置：老图门口草坪。

鉴别要点：乔木；叶卵形；大型圆锥花序，花黄白色，有气味。

木犀科 Oleaceae　丁香属　暴马丁香　*Syringa reticulata* var. *amurensis*

　　等待着，等待着，紫丁香和白丁香到了开花的末期，暴马丁香终于愿意一展容颜了。想看暴马丁香开花盛况的同学不需要犹豫，直接到老图门口即可。这里分布着校园里"唯二"的两株暴马丁香。春雨沐浴、甘露滋养，它们已经长成小乔木的样貌了。

　　暴马丁香是丁香家族里显著不同的一个。首先，它的名字就很与众不同：其他的很多丁香都会以颜色命名，而暴马丁香的"暴马"二字，实在不知从何解释起。暴马丁香的花期相对较晚，花色偏黄白色，花序大而下垂，开放热烈，盛开时气味十分浓烈——我把这作为它"暴"的一个解释。暴马丁香为树姿美观的乔木，被广泛种植在公园、庭院、行道树两侧作为绿化观赏树种。

除了作为绿化树种之外，暴马丁香全株可入药。它们的嫩叶、嫩枝、花可调制保健茶叶，树皮、树干及枝条也均可药用，具有清热解毒、镇咳祛痰的作用，可用于治疗白血病、高血压、心脏病、浮肿、动脉硬化等疾病。鉴于近年来各路"专家"都在宣扬各种保健茶叶，让我们见识了各种树叶如何被炒得沸沸扬扬，这里还是低调处理罢。除药用外，暴马丁香叶富含单宁，是制作烤胶的原料；它们的木材材质坚实致密，结构均一，具有特殊的清香气味，可供建筑、器具、家具及细木工用材，尤宜作茶叶筒、食具等。它们的花期较长，花多而繁密，花香浓烈，也成为较好的蜜源植物。综上所述，暴马氏应该是一种全身是宝的植物。

在佛教里，僧人们喜欢在寺院栽种菩提树以表示信仰的坚贞和虔诚。在热带和亚热带地区，菩提树广泛分布，但到了纬度较高的地带则不能生长，佛门弟子如何表达这种心情呢？不必担心，人们有灵活处理的途径，其中之一就是选用适应当地气候环境的树种代替菩提树。如在南方的一些寺院，人们选用无患子树代替菩提树；而在北方，人们多选用珍稀名贵的银杏树来代替；在我国西北的甘肃、青海等地，由于高原气候的影响，以上几个树种都不能栽植，佛教弟子就选用暴马丁香代替菩提树。人们称暴马丁香为"西海菩提树"。距青海省省会西宁市不远的沙尔古镇，有一座举世闻名的喇嘛教圣地——塔尔寺，是佛教格鲁派的著名寺院之一。据说这座宏伟壮观的佛教寺院的修建，就是起因于一棵奇异的暴马丁香树。

[5月20日] **水蜡开花**

水蜡位置：西南村荒岛窗外；蒙民伟楼小花园。

鉴别要点：灌木；分枝密集；圆锥花序顶生，花冠白色，4裂，香味明显。

木犀科 Oleaceae　女贞属　水蜡 *Ligustrum obtusifolium*

老早就听说校园里有个角落存在着这么一棵特立独行的植物，一直好奇它是哪路神仙。如前所述，校园里仅此一株的植物很多，但大多都被我看到过了，唯独这株。后来到底看到了，才发现原来其实每天我都从这里经过，只不过没赶上开花，一直没有闯入我的"法眼"罢了。今天听说它开花了，特意跑去看，发现它只是"特立"而已，因为周遭只有它一棵女贞家族的成员，孑然一身；"独行"却谈不上，它还达不到独行的境界，顶多是希望而已（我深感自己要求之高）。它就是水蜡。

　　水蜡没有金叶女贞那样的金黄色彩叶，也没有小蜡那样繁复爆发的开花气势。它的花期到了，就如流水般不徐不赶地开放；花期过了，就如清风般飘飘零零地坠落。花开的时候，只有粉白的4瓣裂小花如锦簇般，散发出的却是浓郁的香味。花开的时候，蜂蝶却还蛰伏——这不知是谁的幸事、谁的悲哀——只有果蝇类的昆虫汲汲地来，在花丛间往复环飞。这样忙碌的时间只有不到一周。水蜡的花期太短，匆匆走了一个过场，就又进入了寂静的生长季节——它们为"绿"化付出的太多了，都没有闲暇太顾及花前月下。

　　以水蜡为代表的女贞属植物，在目前的园林绿化中已经被广泛应用，如女贞、金叶女贞等各种女贞、各种小蜡以及水蜡。有时候我很矛盾，到底有没有必要这么偏重从园林的角度来推介它们隆重出场；可是回过头来想想，对于没有机会或久难有机会去野外的人们来说，园林绿化的确是一个重要的窗口；只有通过这扇窗口，人们才能够看到如此丰富多彩的植物。对于我而言，若非校园里或者植物园里引种了水蜡，也难得见到它的真颜。

华北珍珠梅开花

华北珍珠梅位置： 伯苓楼北侧草坪；20宿南侧草坪；游泳馆东侧；蒙民伟楼小花园。

鉴别要点： 灌木；羽状复叶；大型圆锥花序顶生，花白色，5瓣，雄蕊20枚。

蔷薇科 Rosaceae 珍珠梅属 华北珍珠梅 *Sorbaria kirilowii*

在我居住的地方，华北珍珠梅和蒲公英一样，是大名鼎鼎的超长花期纪录保持者。有一些年份，华北珍珠梅从春夏间的5月中下旬即开始开花，一直持续到秋冬间的11月，其间不断有旧的花凋落，新的花开放，层出不穷。能够保持如此持久的开花期间，真正是生命力旺盛，生生不息！

在校园里的各个角落都容易找到华北珍珠梅的影子。远观即可看到它们敦实壮硕的株型；这也许和修剪有关，却保证了它拥有持续开花的基础。它的花其实非常小，5瓣的小白花未开的时候如同白色的珍珠，开放后酷似缩微版的梅；一小朵珍珠梅并不显眼，可成百上千这样的小白花聚合在一起就能形成视觉冲击力极强的花序；对于珍珠梅来说，它从来不吝惜在一个植株上同时呈现数十个甚至上百个这样的大型花序，而且是一波接一波地持续呈现——所以你知道了，对于开花这件事，华北珍珠梅是丝毫不含糊的。

华北珍珠梅的耐寒性是一个不小的限制。它在华北地区应用比较广泛，而在东北常见到的则是它同属的另外一个兄弟——（东北）珍珠梅（*Sorbaria sorbifolia*）。两者在园林绿化上效果相似，而在形态学上差异明显。下次你有机会可以仔细观察：华北珍珠梅只有20个雄蕊，雄蕊和花瓣长度近似；东北珍珠梅则拥有40个以上的雄蕊（不定数），且雄蕊远长于花瓣。东北珍珠梅多分布于东北地区，能够耐受寒冷的环境。

两种珍珠梅都能够从根部萌蘖，长出很多珍珠梅小植株。它的这种特性使得珍珠梅家族人丁兴旺。这些生机勃发、耐不住寂寞的植物，真算是找到了各自人生的极致。恭喜你们！

鹅观草开花

鹅观草位置： 常见于草坪，与草坪草混生。老图门口的草坪和假山；南门草坪。

鉴别要点： 多年生草本；秆直立，花序长，花不显。

禾本科 Gramineae　鹅观草属　鹅观草 *Roegneria kamoji*

今天真是花草树木的盛大节日：先是石榴、暴马丁香、水蜡和华北珍珠梅的始花，现在又发现了鹅观草和接下来马上要介绍的蜀葵在开花。在5月的末尾——如同3月底和4月初一样——植物们像是约好了日子一起开花。与其他5种植物相比，鹅观草显得最平庸；但因为长在草坪中间或者边缘，修长的花穗远高于草坪草，所以到底有了点儿鹤立鸡群的感觉。

对鹅观草的认识是很近的事情。我们一队人马沿着芦芽山保护区的河流溯流而上，一路上层出不穷的各色野花让我们变得很疲劳——并非审美疲劳：黄芪、地榆、飞廉、蓟、毛茛、水杨梅、委陵菜、梅花草、马先蒿、楼斗菜、翠雀……以及它们属内的各个种，前仆后继地，或集体上阵地轰击着我们的视觉；它们形成的各种色彩混杂的花海、花毯、花带……时时考验着我们心情的淡定程度——而是过于兴奋过后的那种疲劳。我们想停下来喘口气，以便拾取另外的力气来消受这些美，正在这时候，有两种东西再一次吸引了我们的注意力：一个是红尾水鸲，它们处于繁殖期，在溪边洗澡、觅食和调情；另一个就是它，鹅观草。

　　鹅观草以盛大的场面迎接了我们这群疲劳的旅行者。似乎是为了特别照顾我们对于花样色彩的审视过度的情形，它们展现了一种淡雅清新的素净：一袭泛着蓝辉的轻装，那是它们随风翩翩的叶片；同样随风翩翩的穗子，那是它们由于成熟和饱满变得沉甸甸的果实。蓝灰色、禾本科、长芒的穗子……我在脑子里使劲地搜索库存为数不多的禾本科形象。一个名字突然蹦出来：鹅观草！这个想法只是昙花一现而已。胡乱地拍了几张照片，我们休息得差不多了，收拾行装继续前行。前路上新的发现马上把这素雅的鹅观草淹没了……

　　这就是我与鹅观草的邂逅。后来发现身边也有不少这样的草。它们习惯于集体出现，形成"蓝光"效应能让你从很远的距离就能轻易分辨出来。鹅观草的"蓝光"使得它们受到园林工作者的青睐，人们把它们请进城市花园。而鹅观草也很上进，它们凭借不挑环境条件、萌蘖能力强、耐受性好、美观等优秀品质迅速跻身园林新秀行列。鹅观草属的很多种类和品种，现在已经成为应用较多的绿化草种了。

[5月20日]　蜀葵开花

蜀葵位置： 西南村居民楼下草坪；北村和东村居民楼下草坪；天南楼下草坪。

鉴别要点： 二年生草本；茎单生，挺拔；花大型，5瓣或重瓣，颜色丰富。

锦葵科　Malvaceae　蜀葵属　蜀葵　*Alcea rosea*

蜀葵花开，蜀葵花开……每年蜀葵花开时节，总会引出众多的美文抒写睹物思情的感想和情愫。我不明白人们分别是出于什么情感才会对蜀葵花有如此多想倾诉的言语，也不明白平平常常一张夕阳映照湖水为衬的蜀葵花照片，会引来人们如此多的赞誉。总之，迷迷糊糊中，我介绍了人们对于蜀葵的这种盛赞，并且安然地觉得：也许人们只是需要一个凭借，而蜀葵恰好适时适地地出现在眼前。

蜀葵原产于中国四川，故名曰"蜀葵"；又因为它可达丈许，修长的茎干上连续地开满鲜红之花，故又名"一丈红"。蜀葵现在早已超越了四川省界而遍布全国各地，是广为人们应用和喜爱的草花；花色的变化也相当丰富，绝不仅限于红色系列；常见的蜀葵有红色、粉色、白色、黄色甚至紫黑色等多种；另外，花形上也出现了各种重瓣品种。也许，正是因为它们广受欢迎，才获得了园艺学家如此多的"青睐"吧。

尽管所处地带不同，人们对于蜀葵的一些习俗还是趋同的，比如各地的孩子们都喜欢摘了蜀葵的花瓣，小心撕开重合的两层，使湿润的内侧面暴露出来，然后贴在脸上或者皮肤上扮酷；又或者是取了花瓣揉碎，让带着花的颜色的汁液流出来，作为涂画的彩笔。我发现无论是对于动物还是植物，各地的人们总或多或少保有某种出奇的一致性；这种一致性让人们可以仅仅通过动作就能找到共同语言。

蜀葵喜欢阳光充足，忌涝，耐盐碱能力强。耐盐碱的特性使它有更广阔的施展场所。人们在建筑物旁、花坛、草坪，成列或成丛地种植蜀葵。种植完以后的工作就交给蜀葵本身了，让它们去完成后面的创作；蜀葵也当仁不让地随意泼洒，总能营造出令人惊艳的景致。也许是天性使然吧。

[5月26日] 天蓝苜蓿开花

天蓝苜蓿位置: 校园内常见杂生于草坪中, 敬业广场草坪、行政楼东侧草坪中常见。

鉴别要点: 矮小; 一、二年生或多年生草本; 羽状三出复叶; 花黄色。

豆科 Leguminosae 苜蓿属 天蓝苜蓿 *Medicago lupulina*

　　南开的北村位于东门内大中路的北侧, 是一个很幽静的居民区。由于建筑密度小, 人的活动干扰也不繁杂, 北村内的园地中保留了相对较为丰富的野生植物。早几天在北村"偷吃"毛樱桃未果, 却看到了乳浆大戟、紫茉莉、连钱草、鸡眼草等植物。在这些草本中间, 还夹杂着一种豆科的小草本。我知道这是苜蓿属的某种植物, 但一下子却没能确定是哪个种。

　　还好今天再去看的时候, 它已经开花了。

　　一般来说, 遇到陌生的植物, 我习惯于依次做三件事: 第一件, 观察; 第二件; 拍照; 第三件, 翻植物检索表或植物志加以鉴定。观察自不必说了。关于拍照, 植物的记录照不同于艺术摄影, 可以不追求光和影、构图、意境这些, 但是需要: 清晰, 最基本的, 能够准确对焦拍摄出清晰的照片; 交代环境, 拍摄出来的图片最好能够展示植物生长的生境类型、伴生物种等信息; 特征明显, 可以依次拍摄植株整体和茎、叶、花、果实、种子的特写, 条件允许的话可以对花进行多角度拍摄。观察完以后, 我照例进行了全方位的拍照。

　　关于鉴定, 常使用当地或邻近地区的植物检索表或植物志, 植物志常包含有植物检索表。所谓植物检索表，是植物分类鉴定所不可缺少的工具，常用的包括分科、分属和分种检索表。目前我们所用的检索表是根据法国拉马克（Lamarck,1744~1829）确定的二歧分类原则来编制的，即把植物相对的形态特征分成相对的两个分支，再在每个分支下对其他性状细分为两个分支，依次下去直到编制到科、属或种检索表的终点为止。

举例来说：对于眼前见到的这种植物来说，根据常识已经能够确定是豆科苜蓿属的植物（若尚未确定是哪个属，则需要使用豆科以下的分属检索表先确定属），所以接下来我需要做的就是确定它是哪个种，需要用的是苜蓿属以下的分种检索表。手头有的工具书是《北京植物志》（其实应该用《天津植物志》，好在两者豆科的内容相差不大），翻开到豆科苜蓿属下的分种检索表，依次对照植物的形态进行检索，我们可以看到如下的描述：

1.荚果螺旋状卷曲；花冠蓝紫色……………………………………1.紫苜蓿

1.荚果弯成镰刀形或肾形；花冠黄色。

虽然目前这种植物还没有果实，但根据花的颜色是黄色的，可以确定不是紫苜蓿，所以顺着"1.荚果弯成镰刀形或肾形；花冠黄色。"的条目继续往下检索：

2.荚果肾形，熟时黑色；茎自基部分枝，斜上……………2.天蓝苜蓿

2.荚果弯曲成镰刀形；茎直立；………………………………2.野苜蓿

根据观察到的情形，我见到的这种苜蓿属植物的茎是自基部分枝，且是倾斜接近地面生长的，故与天蓝苜蓿的特征相符合，可以初步确定它就是天蓝苜蓿。当然这还不算结束。有了初步鉴定结果后，须对照植物志上"天蓝苜蓿"条目重新核对一遍其形态特征描述。通过核对，我最终确定了这就是天蓝苜蓿。

碰见陌生植物，大都可以据此方法进行种类的鉴定。

獐毛位置： 南开附中草场。

鉴别要点： 多年生草本；常有长匍匐枝；秆稍矮；圆锥花序呈穗状，花黄绿色，不显。

禾本科 Gramineae **獐毛属** **獐毛** *Aeluropus sinensis*

　　盐碱地绿化是世界性的难题，这个命题在哪位具有划时代意义的盐碱地绿化大师出现之前会一直被广泛认同。作为一个拥有着漫长海岸带和广袤干旱、半干旱类型土地的国度，中国也拥有面积难以计数的盐碱地，尤以沿海盐碱型湿地为典型。干旱、半干旱区的盐碱地绿化的问题留待其他场合讨论，而盐碱型湿地的难题，在这里是可以稍微论一论的。"在地植被恢复的问题，交给乡土种们去处理吧！"这个看似简单却开宗明义的论断，于盐碱型湿地绿化而言无疑是一个比路，即：也许我们应该更多地去发现和开发乡土种，并且应用它们去

獐毛 *Aeluropus sinensis*

进行植被恢复和重建（即所谓的"绿化"）。在我所在的地区及其周边，獐毛、碱菀、互花米草、白茅等植物，正是论断里推崇的乡土种。

上述思维历程是在看到獐毛开花的时候我的头脑里演绎的——请不要奇怪，这是常有的事。一颗热爱植物的脑袋若想的不是关于植物的问题，那就该奇怪了。校园里的獐毛主要分布在南开附中操场。如前所述，这片荒弃地上有各种野生植物在生长蔓延，其中的一些植物会暂时取得竞争的优势，比如獐毛。

獐毛是一种主要分布在辽宁、山东、河北、天津、江苏等地的多年生湿中生型禾本植物。它们其貌不扬，通常只有20厘米高，却拥有强大而密布如网的根系，并且通过根状茎的萌蘖横向蔓延。这使它们成为再生力极强、耐践踏和耐胁迫的植物，也使它们能够轻易占据一方土地，把偌大的一片湿地变成其家族的私有地产。当然它们也并不排外，会选择和它们具有同样优良的耐盐碱特性的植物作为芳邻并且和睦相处。獐毛常生长在临水的湿润、半湿润环境，季节性水淹的地段也能看到它们顽强的身影。这里的pH值往往能够达到7.5甚至是8。

獐毛的上述这些特性使它们成为盐碱地植被恢复和重建的优秀备选。它们的耐盐性使它们成为先锋植物，在其他植物都不愿前往的情况下率先进入盐碱地定居；它们密集的根系固定了水土，防止了土壤的流失；它们死后腐烂的身躯，则为其他后续迁入的植物提供了养分。虽然其貌不扬，对于不毛之地，它们仍然创造了一个亮点。况且若在合适的时间节点和视觉角度看，一望无际的獐毛铺就的绿色地毯随风摇摆起伏，谁说不是一道亮丽的风景线呢？

木防己开花

木防己位置： 南开附中主楼下花圃。
鉴别要点： 木质藤本；叶常卵形或倒心形；花序零落，花6数。

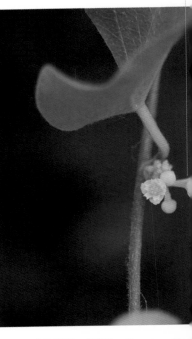

防己科 Menispermaceae　木防己属　木防己　*Cocculus orbicu*

发现新物种的激动与兴奋我还没有机会品尝，但是发现物种在一地区的新分布，这种喜悦则如同多层大套娃里的一个小人物，足够让有见过世面的我辈乐一阵子了，比如今天发现的木防己分布新记录。迹同样还是出现在南开附中，这一次不是在操场，而是在教学楼南侧一片花圃中。我正在观察鹅绒藤如何在大叶黄杨和圆柏身上攀缘，冷丁看到了同为心形叶，但色泽比鹅绒藤叶片更为亮绿的叶片；紧接着发现竟然有一大片类似的叶子；顺着叶子看去，原来这也是一种攀缘植物，共有3株，它们占据了比鹅绒藤更宽、更高的势力范围。正好是它的花期，我拍了照片回来一查，竟然就是木防己。

木防己是防己科木防己属植物。按照《中国植物志》的记载，它们大多分布在秦淮以南；另据中国自然标本馆的记录，它的最北分布是青岛；青岛和天津在纬度上相差了2、3度，这个跨度还是比较大的。兴奋归兴奋，仍不知何故木防己扩散到了这里。

木防己只是物种扩散的一个例子而已。在动物界，特别是我稍微熟悉一点儿的鸟类，最近几年，鸟类北移的例子还在少数么？八哥、白头鹎、红耳鹎……动物的移动性远强于植物，所以它们出现在未记录的分布地较容易理解和接受；但植物的迁移若不是靠风或飞鸟携带则是较为困难的。这样看来，木防己怎么来到这里，继续是一个谜。

木防己是草质至木质藤本植物。从形态而言它并没有出彩之处，顶多是攀缘蔓延广泛从而营造立体绿化的效果而已。它的花非常小却十分精致，球形的果实成熟后变成神秘的蓝黑色。作为防己科的植物，它继承了家族作为中草药世家的传统，性苦、辛、寒，具有祛风止痛、利尿消肿、解毒、降血压等功效，用于治疗风湿关节痛、高血压、风湿性心脏病等，外用则可治疗毒蛇咬伤，确实是一味很劲道的药品。

若不是因为偶然，我也发现不了木防己在天津的分布，它可能还依旧默默地待在它已习惯的角落，安谧地生存；而若不是它身份的特殊，我也不会在这里为它大书一笔。看来一切皆是缘分，一切皆有法度。祝愿吧，木防己能在这里好好生活，和周围的邻居和睦相处，去延续它们家族的神话。

[5月27日] **菹草开花**

菹草位置：主要分布于新开湖和津河。

鉴别要点：多年生沉水草本；叶缘浅波浪状；花序伸出水面，花4数；果序呈雷公锤状。

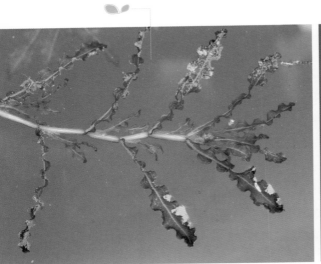 

眼子菜科 Potamogetonaceae 眼子菜属 菹草 *Potamogeton crispus*

南开花事

222

　　之前的篇章里虽然盘点了一下校园里的水系，也写了喜欢近水生长的薸菜属植物，但还未介绍过真正的水生植物。通常说的水生植物包括三个类群：（1）挺水植物：根部生长在水面以下，而茎叶大部分生长在水面以上，如芦苇、香蒲等；（2）浮叶植物或漂浮植物：植物体的大部分漂浮在水面，如睡莲、大薸等；（3）沉水植物：植物体的大部分或全部位于水面以下，如金鱼藻和今天要介绍的菹草。当然了，这个分类方法并不是非常严格。

尽管如此，我们还是把菹草归入沉水植物的类别里。对大部分人来说，沉水植物是一个神秘的类群，原因之一就是不容易看到。的确，若非我跟同学到新开湖边上坐着闲聊，也不会看到菹草伸出水面来的花序；若非看到花序，也不会连带看到水面以下隐隐约约的茎和叶；若非对植物有着超乎常人的痴迷，我也不会不顾形象趴在湖边上一只手被同学拉着另一只手拿着竹竿把菹草扒拉到近岸来。路过的那些露出惊愕表情的同学，肯定是不会不要命地去捞一株水草来看的——他们应该属于"大部分人"。

　　菹草属于多年生沉水草本，分枝繁多；叶片长条形半透明，边缘有明显的波浪形；开花的时候穗状花序伸出水面，花瓣4片，呈淡绿色（因此不明显），雌蕊4枚，呈肉红色，是它唯一抢眼之处。菹草的花期很短，花后果实开始发育，每一个花序长出多枚果实形成聚花果状果序，整体外形和蒗藜比较类似。我不知道菹草是否依靠种子繁殖，但看到了它的休眠芽——长在叶腋、外形呈松果状的褐色硬质结构体——植物志介绍说这个是它的休眠芽；等到下一个生长季，休眠芽就会苏醒并萌发，成长为一个新的植株（类似营养繁殖）。

　　菹草生于沟渠、池塘等缓流水体中，是草食性鱼类的天然食料，同时也是一种良好的净水材料。在有的水体中，由于富营养化等原因造成菹草爆发式增长；生长季过后菹草的茎叶枯萎腐败，不但大量消耗水体中的溶解氧，而且释放出过量的有机养分，从而对水体造成较大的影响。为了避免这个现象，很多水体管理方会及时打捞菹草。

[5月28日] **狗尾草开花**

狗尾草位置：校园内荒地上常见。附中草场；津河沿岸。

鉴别要点：一年生草本；花序呈狗尾巴状，不易认错。

禾本科 Gramineae **狗尾草属** **狗尾草** *Setaria viridis*

狗尾草是荒野里的霸主，在校园里大部分区域都能看到，但密度并不大。校园里狗尾草的花期，最早是由附中操场敞阳地段的那一群落引起的。

狗尾草是任何从乡野中长大的孩子们不能忘怀的记忆。夕阳中摇曳的条条朝天的狗尾巴，永远妆扮成调皮的小狗的尾巴的样子，这个形象，经年弥新，挥之不去。在乡野中，狗尾草是如此常见，以至于人们几乎不会把它当作一种花草来看待。它们常常大片分布，每一株狗尾草可结数千至上万粒种子；种子成熟后随风、随水或者借助动物的迁移来传播，能够把家族的领地扩展到远方。狗尾草的适生性很强，能够耐旱耐贫瘠，在酸性或碱性土壤都能健康生长，这更加有助于它们把势力范围扩大。

　　单株狗尾草的观赏性并不见得出彩，非得是群体效应才能创造气势恢宏的景象。除了供戏耍和观赏外，狗尾草也是较好的牧草和引火薪柴。可是人们似乎并不买账，把它的功劳统统抹杀掉，更多地认为它是"坏"草，归入到稗草的行列。人们创造了成语"良莠不齐"，还把坏人叫作"莠民"，把辱骂的语言称为"莠言"。这个"莠"字指的就是狗尾草。以农业文明起家的我们，倾向于把跟农业发展、进步背道而驰的东西都打入地狱使之永世不得超生；而狗尾草由于它的生命力顽强、分布广泛且对人没有实际的食用价值，也没有能逃脱这个厄运。

　　好在人类总是在进步，一些旧的观念和成见也在慢慢冰释和瓦解。这个转变来自于青年男女对狗尾草不解的情结。狗尾草代表了坚韧的、不被人了解的、艰难的爱和暗恋。把三支狗尾巴草编成麻花辫状，编成一条，然后根据手指的大小弯个圈打成结，戴到手指上，就代表着私订终身。鉴于此，至少在青年人的阵列里，狗尾草赢得了尊敬。后来的发展似乎更加有利于这种可爱的植物了：人们开始发掘狗尾草在园林绿化中的作用，应用它们作为造景元素。狗尾草、金色狗尾草等野草，起初不登大雅之堂，现在已经成为"大雅之堂"的主人公了。

[5月28日] **野牛草开花**

野牛草位置： 附中操场；老图东侧假山草地。

鉴别要点： 多年生低矮草本；植株纤细，叶片线形；雄、雌花序分开。

禾本科　Gramineae　野牛草属　野牛草　*Buchloe dactyloides*

和狗尾草一道开花的，还有它的邻居野牛草。野牛草的集群效应非常显著，往往形成大片的单优势群落。到目前为止介绍过的植物里，在附中操场上取得竞争优势的包括：獐毛、西伯利亚蓼、乳苣、白茅、刺儿菜和野牛草。面对一片刚废弃的敞阳地，它们贪婪地展开了领地的瓜分和争夺。有意思的是，它们领地之间的交叉非常有限，大部分植物都形成了单优势群落，所以整体来说，操场上的植物呈现出斑块状或者条带状分布的格局。这也许就是"圈地运动"开始阶段的状态吧。

野牛草，如果你看完名字就确定它拥有高大魁梧的身材，那你恐怕会大错特错了，因为它们是那么娇小和柔和，不粗鲁也不大条。野牛草没有开花的时候，静静待在贴近地面的地方；开花了，也仍然保持着矜持，只是温和地开着淡雅的花，毫不招展。所以，可能当初定名的时候，人们并非根据它们的形态或者品性，而是根据它们的特殊适应性来的。野牛草的匍匐茎广泛延伸，即使在恶劣的环境下也能够快速结成厚密的草皮达到绿化，而这种特性具有的坚韧和实干多少有点儿老牛的味道在里面。美国的早期移民用野牛草来构筑住所 *；此外，它还是重要的饲用植物。

这种草适应性较强，在缺水地区也能顺利生长；生长迅速，生命力顽强，具有较强的竞争性（与其他杂草竞争）；耐盐碱性较好，抗病虫害能力也较强，管护成本相应较低，所以现今人们已经开始广泛将野牛草用作地被绿化植物，用于道路边坡、广场、高尔夫球场、庭院等场所。若用在园林中的湖边、池旁、堤岸上，更可作为覆盖地面的上等材料，既能保持水土，防止冲刷，又能增添绿色景观。另外，野牛草具有抗二氧化硫和氟化氢等气体的性能，已广泛用于冶金、化工等污染较重的工矿企业绿地的绿化。

有人不大喜欢从应用的角度来看待植物。我虽然不鼓励实用主义在植物界扩展势力，但也不反对适度地开发利用，毕竟，自然界还是认可适度干扰和协同进化的（如果说是协同的话）。越来越多的植物被应用于人类聚集的城市花园，我觉得某种程度上也是一种幸事。它们作为人类和植物界之间的一条导引线，把更多的人和植物连接起来了。当然，我们希望这是一种能够带来善意结果的连接。

---

* 注：野牛草原产北美，英文名为Buffalo Grass（野牛草），作为饲料和草坪草引入我国。

[5月28日] **枣开花**

枣树位置：西南村居民楼下草坪；芝琴楼北侧；行政楼东侧；东村。

鉴别要点：小乔木；枝常呈"之"字形弯曲，具刺；叶卵形，基生三出脉；花黄绿色；果实即为枣。

鼠李科 Rhamnaceae **枣属 枣** *Ziziphus jujuba*

枣原产于中国，在中国南北各地都有分布。校园里栽植的枣树主要集中在新开湖南侧的芝琴楼下和行政楼东侧的空地上。这两处的枣树树干都有大海碗的碗口粗了。每天来来往往的人们也许只在枣成熟的时候才会觉察到它们的存在，而在它们辛苦孕育花蕾和努力绽开花朵的时候只是漠然地走过。我很有幸记录了它的花期。

南开花事

228

枣喜欢生长在微碱性或中性砂壤土中。它们根系发达，根横向发展多，萌蘖力很强，所以我们总是能看到大枣树的周围长出许多小枣树。枣树的枝条弯曲有致，属名*Ziziphus*的词头即有弯曲的意思（这也许是我"唯二"能记住的拉丁名了，另外一个是银杏）。枣花小而多蜜，是一种蜜源植物（如下文所述，四大名蜜之一）。果实就是人人爱吃的枣了，成熟后变成褐红色。枣可鲜食也可制成干果或蜜饯果脯等，营养丰富，富含铁元素和维生素（尤其是后者），因此大枣又有"天然维生素丸"的美誉。枣的果皮和种仁药用，果皮能健脾，种仁能镇静安神；果肉可提取维生素C及酿酒；核壳则可以制活性炭；枣树材质坚硬，是一种上好的木材。

　　枣自古以来就被列为"五果"(桃、李、栗、杏、枣)之一，在我国吃枣的历史已很久了。在几千年的生活生产实践中，枣树与枣乡人结下了不解之缘，人们种枣、管枣、用枣、变着法儿吃枣，也写枣、诵枣、唱枣、画枣，枣慢慢进入和融入人类社会生活的方方面面，并逐步形成了枣文化。枣的思想、枣的文化与枣乡的风物人情、民间风俗水乳交融，枣文化便在历史长河中随着历代传承越积越厚，变得丰富宽博，从不同层面、不同寓意、不同程度反映着人间万象。

　　北京民间有俗语"有枣没枣打三竿"，大概意思是不管行不行试一试再说，只有试过了才知道能否成功，不试一下肯定不能成功。于是有人好笑地问：是不是枣树经打才能长得好啊……虽然说适度干扰对生物生长有利，但这种片面的理解（特别是针对单株植物）我觉得还是不可取的。呵呵，暂且这样吧。

[5月29日] **灰菜开花**

灰菜位置： 校园内荒地上常见。西区公寓；附中操场周边；津河沿岸等。

鉴别要点： 一年生草本；叶片通常有粉；花小型，簇生茎顶排列成穗状或圆锥花序。

藜科　Chenopodiaceae　藜属　灰菜　*Chenopodium album*

南开花事

灰菜又叫灰灰菜、灰条菜，是遍布全国各地常见的草本植物，中文名叫作藜，是藜科的科长。它们开花相当隐秘：从茎的顶端或叶腋中抽出花梗，极小的花簇生在花梗上形成密集的穗状或者圆锥状花序；花和茎叶是一样的颜色，只有花药呈黄绿色——这就是它的花不容易被发现的原因吧。

灰菜得名于它的叶片（特别是嫩叶）上下都密布一层灰白色粉粒，犹如蒙了一层灰似的。这层物质，我曾以为是叶片分泌出来的盐分，并且也尝过，的确有点儿咸味；但是由于没有找到确凿的证据，现在也不确定。不过说到盐分，这和灰菜生长的环境有关。灰菜能够在重盐碱地环境中正常生长，是一种盐碱地的先锋植物。在滨海地区，这种植物往往成片生长，占据偌大一片地方。与它们紧相为邻的，永远都是屈指可数的那么几个抗盐碱勇士。

在北方民间，灰菜是一种著名的野菜，人们会在早春时节采摘灰菜的嫩苗，用各种方法来烹调。虽说灰菜可以吃，但也不乏因为吃灰菜中毒的事件，为此我特意查了相关资料。灰菜中有一种光敏物质——卟啉。采食灰菜后，卟啉被吸收进入血液，若此时经日光照射，则极易导致光敏物质中毒。吃过量灰菜后若在烈日下工作，即引起急性皮肤炎，表现为皮肤瘙痒、红肿等不适，或者还伴有食欲不振、精神萎靡等症状，重症者更甚。有些地方喜采集灰菜作为牲口饲料，牲口中毒后症状往往更为明显和严重。若撇开中毒伤害不谈，引起中毒事件的这种光敏物质的确挺有意思的，值得好好研究一下。

毕竟，人们采食野菜是一个传统，还将继续下去。只是当您再次漫步于荒野寻觅能够入口的野味时，应该先给自己打一个预防针。

[5月30日] 荆条开花

荆条位置：二主楼南侧草坪石块上。

鉴别要点：灌木；小枝四棱形；叶对生，小叶边缘有缺刻状锯齿；花唇形，紫红色而有白斑。

马鞭草科 Verbenaceae　牡荆属　荆条　*Vitex negundo* var. h

　　荆条又叫黄荆，广泛分布于全国各地，在北方地区更是广为分布，是北方干旱山区阳坡、半阳坡的典型植被。荆条性强健，耐寒、耐旱，亦能耐瘠薄的土壤，喜欢充足的阳光；它们常生于山地阳坡上的干燥地带，形成灌丛或与酸枣等混生为群落，或在盐碱砂荒地与蒿类自然混生。校园里的荆条算是"飞来之花"，原因是这几株荆条是依附在假山上的，随着假山石从天津蓟县的山区被搬运过来，之后便在南开园定居了。跟荆条拥有同样命运的是两株孩儿拳头，它们也来自蓟县山区。定居后的荆条和孩儿拳头看来很喜欢现在的环境，转年就开花结果了。如果你要看它们，在二主楼南侧草地上的假山上找一找就行。

　　在中国，人们对蜂蜜的挑剔程度可谓登峰造极。你可以很容易看到或者听到各种关于蜂蜜的评价：什么四大名蜜、七大名蜜、八大名蜜的。但不管评价标准和体系如何，荆条始终位列著名蜜源植物之列。采集荆条花粉而酿成的蜂蜜被称为荆条蜜，是四大名蜜（荆条蜜、枣花蜜、槐花蜜、荔枝蜜）之一。这种对蜂蜜的挑剔情愫，同样存在于对它药性的仔细甄别。如，人们会认为荆条的叶、茎、果实和根均可入药但药效各异：茎叶治疗久痢，种子为清凉性镇静、镇痛药，根则可以驱蛲虫……当然了，这些疗效我未曾验证，在这里只是供参考。除上述用途之外，荆条的花和枝叶还可以提取芳香油；茎皮可以造纸及人造棉；枝条性坚韧，为编筐、篮的良好材料；荆条花色娇艳，作为观赏植物也很相宜。

关于荆条，国人发展了很多相关的文化。比如"荆棘"。荆棘其实是指两种植物：荆和棘。荆即为荆条，古代又称为楚，用来做刑杖鞭打犯人，受鞭打叫"受楚"。"受楚"是件痛苦的事，所以"楚"字又引申有"痛苦"的意思，如痛楚、苦楚。另外"负荆请罪"也是这个荆。棘则是鼠李科的一种落叶灌木，大致是酸枣附近的某种或某几种植物，枝条多荆，民间常用作围篱；最早囚拘奴隶也以棘丛围绕。后来"丛荆"成了囚拘之所的代名词。棘在野外常与荆混生，荆棘丛生最易阻塞道路，"荆棘"一词又借喻艰险处境或者纷乱局面，成语"披荆斩棘"和"荆天棘地"也因此引申而来。

其实荆在古代还用来制作妇女的发钗，称为"荆钗"，所以后来还演变成谦称自己的妻子为"荆室""拙荆"或简称为"荆"。现在提倡男女平等，这些用法已经逐渐淡出历史舞台，然其作为古文化的意义，犹有存在的价值。

罗布麻开花

罗布麻位置：敬业广场北侧花坛；行政楼东侧草坪。

鉴别要点：半灌木；茎叶有乳白色汁液；花冠紫红色或粉红色，5裂。

夹竹桃科　Apocynaceae　罗布麻属　罗布麻　*Apocynum venetum*

　　罗布麻因罗布泊而得名，1952年中国研究者董正钧在罗布泊所在布平原发现了野麻，定名为罗布麻。靠近罗布泊的敦煌、哈密汉族群之为野麻、茶叶花、碗碗花等，阿克塞哈萨克族称"塔拉特儿"。淮秦岭、昆仑山以北各省都有罗布麻分布。这里的干旱、高盐碱、多风季严寒、夏季酷热的环境给了它们很好的锻炼，使它们的极度适应性境相对优越的地方大有发挥的余地。

    在我熟悉的滨海地区也常能见到野生的罗布麻，尤其是在水边地势稍高的盐碱地上。它们显然知道在这种环境下群居的重要性，因此我们总能看到成片的罗布麻盛开，那紫红色的花海和浓郁的花香是历次漫游湿地经历中弥足珍贵的记忆。南开校园里的罗布麻并不难找：敬业广场东北侧的花圃里、行政楼东侧草坪里的假山旁都有，不过在非花期的时候可能很多人只是把它当作一般的野草罢了。

    前面已经提到过，中文名里带有"麻"字的，大都跟纤维和纺织有关系，罗布麻也不例外。罗布麻的纤维在已发现的野生纤维植物中当属品质最优者，是纺织、造纸的理想原料，罗布麻也因此获誉"野生纤维之王"。它们纺织成的麻布是近年来日渐紧俏的"生态环保织物"，裁剪而成的衣物当然也被人们趋之若鹜。然而近似盲目的鼓吹和追捧并非好事，野生罗布麻渐渐受到觊觎，生存堪忧——人们总是这样，问三个问题"能不能吃？""好不好吃？""够不够吃？"，把"吃"字换成"穿"或者"用"亦然。鉴于此，一些人看到了商机，开始种植罗布麻；种植的罗布麻也遇到了和饲料鸡同样的尴尬——不受欢迎。人们总是这样！

    作为夹竹桃科植物，罗布麻应该具有一些"毒性"，而这种毒性，恰好够让它们跻身"入药"的行列。罗布麻以干燥叶入药，具有平抑肝阳、降压强心、清热利尿等功效，适用于头晕目眩、心悸失眠、水肿等症。当然了，出于非实证医学的保险考虑，这些药效还需要进一步验证。

六月

[6月1日] 睡莲开花

睡莲位置: 二主楼和大中路之间灵风溪。

鉴别要点: 多年生浮叶草本; 叶椭圆形而有缺刻, 上面光亮, 浮于水面; 花瓣多, 颜色多样。

睡莲科 Nymphaeaceae **睡莲属** **睡莲** *Nymphaea tetragona*

　　二主楼与大中路之间的灵风溪里种植着睡莲。睡莲是5月8日诞生花, 花语为洁净、纯真。相传睡莲是山林沼泽中的女神, 属名 *Nymphaea* 便有 "水中的女神" 的意思。对于 "水中的女神" 我没有什么异议, 对于 "5月8日诞生" 则有一点儿疑惑: 这个日期的依据是什么？是否是睡莲在热带地区的花期呢？总之，灵风溪里的睡莲直到今天才开始开放，并且每年几乎都是这会儿开放。

　　"莲"与"荷"是对睡莲科荷花及其近似种的常用称呼。由于常用，容易将分类学意义的睡莲和莲（荷花）混为一谈。其实从外形来看，除了都是水生植物外，睡莲和荷花的差别还是比较明显的。为了方便起见，这里介绍三个主要特征（三看）。一看叶形：睡莲的叶形小，为不完整的圆形，在一边上有一个缺口，而荷花的叶形大，为完整的360° 圆；二看叶色：前者叶色深绿，后者叶片颜色偏蓝；三看位置：前者的叶片和花几乎始终浮于水面，与水面贴着；后者则依靠修长的叶柄和花柄，将花叶高高地撑起在水面上方。

　　知道了哪个是睡莲，我们可以来仔细看看睡莲的特性了。睡莲又称子午莲、水芹花，白天花朵绽放，晚上花朵会闭合，到次日早上又会张开，如此往复几日。这一开一合其实非常有学问：据一些观察者报道，负责传粉的虫子往往由于贪吃被关在花朵里过夜，次日花朵再次开放时，它们迫不及待地赶出来透口气，身上就带了足量的花粉；当它们去奔赴下一场盛宴时，这些花粉得以顺利传播。

　　睡莲的用途甚广，除了营造水景供观赏外，还可用于食用、制茶、切花、药用等。睡莲的根能吸收水中的汞、铅、苯酚等有毒物质，还能过滤水中的微生物，因此常被用来净化水质，在城市水体净化、绿化、美化建设中备受重视。

　　睡莲是泰国、孟加拉国、印度、柬埔寨等国的国花；因其朝开暮合的习性，且开放时呈放射状绽放，故成为古埃及太阳崇拜的象征物，蓝睡莲则是埃及的国花。

[6月1日] **合欢开花**

合欢位置：小引河西岸草坪；行政楼东侧草坪。

鉴别要点：高大乔木；二回羽状复叶，傍晚小叶合拢；头状花序，粉红色；荚果扁平。

豆科 Leguminosae　合欢属　合欢　*Albizia julibrissin*

　　在我见到它之前，合欢的形象似乎已经在脑海中浮现。所以当我一眼看到合欢的花时，惊艳的感觉油然而生。"绒花""凤凰花""凤花""绒花"……这两个词在脑子里来回旋转。我知道就是它们无疑了，这种如此熟悉却陌生的花！后来仔细一想，看到它的形象想到凤凰花，没有什么道理的；至多是因为它的花丝条条上升，乍一看犹如从神话里飞凰的冠羽。真的凤凰花是见过的，跟合欢长得一点儿也不类似。倒是"绒花"这个词，表现了合欢花丝那种丝丝缕缕的形态，还比较贴切。我搜枯肠，终于醒悟：原来它们长得像我小时候种过的含羞草花。

　　合欢其实就是广义的豆科含羞草亚科植物，有着典型的含羞草花冠我们看到的每"一朵"粉红色夹杂黄色的合欢"花朵",其实是由多个头状花序组合形成的伞形或者圆锥形复合花序;简单说,就是很多朵花组成的花的集合,而不仅仅是一朵花。那些毛茸茸的,是它们极度伸长的淡红色花丝,清一色地顶着一团精致的黄色花粉团——现在有一种玩具叫作光纤灯的,就是那种感觉。

合欢除了"绒花"的别称以外,还有一个称呼叫作"夜合花"。它们的二回羽状复叶,在白天尽情展开,到了傍晚至夜,则如同含羞草遇到触动般合上,故名夜合。这种叶似含羞草、花如锦绣团的植物,树形秀丽开展,树荫浓郁,对于环境抗性较好,是不可多得的绿化树。

"合欢"得名大致有两个故事,都是跟男女爱情有关,或者凄凉或者优美。前面提过,合欢与苦楝、相思合称三大爱情树,前者尤其代表了爱情发展的至高境界。古人以之赠人,谓能去嫌合好。除了合好,合欢似乎还有男女交欢的寓意。不管怎么说,它的名字注定了它与爱情分不开的密切关系。

前面说到凤凰花,我们自然而然想到那首描写毕业情怀的歌曲《凤凰花开的路口》。在南方,凤凰花被看作是毕业的象征。凤凰花开时节,亦即学生毕业时分;莘莘学子毕业后各奔西东,离情别意无比浓郁,因此凤凰花又引申了离别之意。在北方,凤凰花是难得一见的外来种;取代它的地位的,无疑就是这合欢花了。从意义上来说,合欢本不该具有悲怆的意味;可是它的花期不迟不早,恰好在毕业时节开放,这也难怪了。每到学士服、硕士服、博士服在校园里飘的季节,小引河和马蹄湖侧的合欢总是准时开放,它们也懂得莘莘学子的离情别绪么?

本季结束

匆匆地，匆匆地，春季花事辑写完了。还没来得及经过大师们的鉴定，也没有仔细检查错别字，也还没有把图片插入并且做一番平面设计。好吧，我承认对于审美而言，我是文字编辑方面的好手；而对于文字编辑而言，我在审美方面的确有过人之处——可这两方面为何就不能和谐统一呢？！这还是一个很生涩的版本，匆匆记录了至今为止南开校园115种春季开花。就记录的种类全面程度而言，我敢说基本百分之九十的开花植物都被网罗在内了；而就撰写的文字而言，还很不到位，需要无数遍地补充和修改。一如地拍了海量的图片，称得上精彩的却没有几张；对于将来要选作文字配图的那些图片，我始终抱着惶惑的心情。不管怎么样，先这样吧。

南开花事的前传算是暂告一段落了。在考虑给这些文字和图片想一个名字的时候，我很纠结过一番。记得在另外的场合，我写过一篇小文叫作《候鸟之翼》，说的大致意思就是鸟儿们都有能飞翔的羽翼，可以不拘于一个狭小的地域。用此反观植物，在一定程度上也能适用：植物的分布，其实也不限于很小的地区，特别是不限于南开。这里写到过的很多植物，都是京津地区甚至大华北地区的常见乡土种。从这个意义上来说，我写的既是南开花事，也不是南开花事。

作者 2011.06.05于南开园

南
开
花
事

致谢

　　每每看到复杂的东西，都喜欢把它拆解开来看待——好比一串复式的风铃，很多单个的风铃组成了一组，然而当中的每一个风铃其实也包含有复杂的结构，这种情况在植物的复伞形花序中也有类似的比喻。对于优美的文字而言，境况也终究是类似。一段美文，虽然精致、意味深远，但终究是由一句一句话组成；而每句话则可以解构为一个一个字；甚而远之，每个字也都是由简单的一笔一画组成的。促使达到臻美境界的伟力，正是这中间所蕴含的组织结构力，或者叫作组织能力。

　　当然了，我是远远不敢说我的这些文字和图片算得上是美丽的风铃（其实它们各自单独摆放的时候什么都算不上是）。正是由于我的朋友小水滴的鼓励和帮助，本书的雏形才得以呈现。小水滴用以组织本书初稿所付出的耐心、细致、负责的精神，是我所要热烈赞美和热情感激的。

　　感谢引领我进入南开BBS花世界版面（Flowers）的李明和进入玩转博物学版面（Naturalhistory）的杨晔，若非两位前辈指引，我可能会推迟很久才能找到进入花世界和博物殿堂的钥匙。如今我仍然沿着他们指引的路，在引导更多爱好者走进这个殿堂。正是在与你们的互动下，产生了写作本书的想法，在你们的陪伴和鼓励，这些文字和图片才得以出现。

感谢曾经热情为本书提供图片的水叶、冰树、或非猫、蚂蚁等朋友，虽然最终没有用上，是你们让我真切感受到"图到用时方恨少"，鼓励我更勤奋地去拍摄更多的美图。另外其他朋友也同样被我以索要图片的名义骚扰了，在此一并表示感谢。

感谢我的导师李洪远教授及所在研究室汇沄轩的同门们，你们为本书贡献了宝贵的思想和文化火花。还要感谢浙江农林大学的包志毅教授，您为本书的修改提供了大量宝贵的意见。其他诸多最初的读者也为本书的修改贡献了大量时间和精力，在此一并表示感谢。

本书得以出版，得益于北京大学的刘华杰教授的大力推荐和商务印书馆余节弘编辑的认可和赏识。对于花草的共同爱好让我们结缘，并共同促使本书得以面世。在此对两位表示诚挚的谢意！

最后，感谢我的家人和亲友们对我一贯的支持和放任，让我有足够的时间和精力去做与花草有关的事情。谢谢你们！

南开园的花事，还会继续书写下去。

莫训强

2013年9月2日 于南开园

主要参考文献

[1]　中国植物志.中国科学院中国植物志编辑委员会 编著. 北京：科学出版社. 2010.

[2]　北京植物志（1992年修订版）.贺士元、邢其华、尹祖棠 编. 北京：北京出版社.1993.

[3]　天津植物志.刘家宜 主编. 天津：天津科学技术出版社.2004.

图书在版编目(CIP)数据

南开花事/莫训强著.—北京:商务印书馆,2015(2017.1重印)
(自然感悟丛书)
ISBN 978－7－100－10471－5

Ⅰ.①南…　Ⅱ.①莫…　Ⅲ.①花卉—观赏园艺　Ⅳ.
①S68

中国版本图书馆 CIP 数据核字(2013)第 283168 号

南 开 花 事
莫训强　著

商 务 印 书 馆 出 版
(北京王府井大街 36 号　邮政编码 100710)
商 务 印 书 馆 发 行
北 京 新 华 印 刷 有 限 公 司 印 刷
ISBN 978－7－100－10471－5

2015 年 1 月第 1 版　　　开本 889×1240　1/32
2017 年 1 月北京第 3 次印刷　印张 8
定价:42.00 元